智慧·经典励志丛书

精心选择·睿智放弃

魏贤 主编

北京师范大学出版集团
安徽大学出版社

图书在版编目(CIP)数据

精心选择·睿智放弃 / 魏贤主编. -- 合肥 : 安徽大学出版社，2011.10

(智慧·经典励志丛书)

ISBN 978-7-5664-0323-0

Ⅰ. ①精… Ⅱ. ①魏… Ⅲ. ①人生哲学—通俗读物

Ⅳ. ①B821-49

中国版本图书馆 CIP 数据核字(2011)第 209765 号

智慧·经典励志丛书

精心选择·睿智放弃　　魏贤 主编

出版发行　安徽大学出版社

(合肥市肥西路 3 号　邮编 230039)

印　　刷　合肥瑞丰印务有限公司

经　　销　全国新华书店

开　　本　710mm×1000mm　1/16

印　　张　12.25

版　　次　2012 年 8 月第 1 版

印　　次　2022 年 1 月第 2 次印刷

定　　价　36.00 元

ISBN　978-7-5664-0323-0

前言

当今之世，要想成为一个成功者，必须精通做人做事的谋略。但大多数人不得其真谛，以道听途说为学问，以使巧弄诈为智慧。实践表明，要追求大成功就要有真正的智慧——大智慧。

人生充满着挑战，在挑战中追求人生的成功，是一种实现生命价值的至高境界。然而，在这个世界上，大多数人只知道羡慕别人的成功，而轻视了自己的能力。其实，人生的成功不能等待着别人的施舍和神灵的恩赐。命运在自己手中把握着，成功必须靠你自己去努力开创。而机遇并不好把握，它总是悄悄地降临到你的身边，如果你稍不留心，它就会翩然而去。因而，你应该学会用一颗热情的心对待生活，用一种智慧的眼光去发现机遇。只有这样，你才能够寻找到一把开启成功之门的钥匙。

本书荟萃人生事业的成功智慧、使你幸福的生活智慧，融汇成《智慧·励志经典丛书》大智慧。一篇篇蕴涵着生活和成功智慧的文章，犹如幸福人生的智慧锦囊，读后掩卷沉思，顿时让你看透人生的迷雾，洞察世事，练达人情，懂得成功之道，每天都有好心情和好状态。

本书将教你如何成功地做人做事，如何保持好的心情和状态。书中理论精辟，取材广泛，故事生动，说理透彻，涵盖了与人交往、方圆处世、诚实做人、精明做事等内容。人生不总是风和日丽、事事顺心，当你在困惑失意的圈子里迷转流浪时，希望这本书能够给你智慧的点拨，使你重获信心和勇气。生活中忙碌的你需要心灵的小憩，更需要成功智慧的方法与捷径,而本书则恰似成功者的圣经、好心情的当铺,品读这些励志文章,能够帮你把郁闷和不快抛到九霄云外,而把成功留下,让好心情永远伴你左右!

这些包涵人生智慧的励志文字,犹如轻抚心灵的缕缕清风,让你瞬间领悟人生的真谛,平淡对待得失,超然面对繁华;畅达时不张狂,挫折时不消沉。在人生的历练中涵养从容的定力,在潮起潮落的人生戏台上,举重若轻,游刃有余。

有《智慧·励志经典丛书》在手,它会为你指点迷津,让你成功的信心和勇气倍增,一生如踏马平川!

目　录

第一章　充盈心灵

第二章 精心选择

第三章 睿智放弃

第四章　舍与得之间

第五章 正确的选择 + 适时的放弃 = 成功

第一章

充盈心灵

留一点时间给自己，让自己的心灵解放，空间扩大，而你成功的力量正是来自于这个空间。留一点属于自己的时间与空间，与自己的心灵对话，看清自我，认识自我，扩大自己的生活空间，增强自己的生命力。

豁达人生

幸福的人只记得一生中满足之处，不幸的人只记得相反的内容。

三伏天，禅院的草地枯黄了一大片。“快撒点草种子吧！好难看哪！”小和尚说，“等天凉了，就不能播种了。”

师父挥挥手说：“随时！”

中秋，师父买了一包草籽，叫小和尚去播种。

秋风起，草籽边撒边飘。“不好了！好多种子都被风吹了。”小和尚喊。

“没关系，吹走的多半是空的，撒下去也发不了芽。”师父说，“随性！”

撒完种子，跟着就飞来几只小鸟啄食。“要命了！种子都被小鸟吃了！”小和尚急得跺脚。

“没关系！种子多，吃不完！”师父说，“随遇！”

半夜一阵骤雨，小和尚早晨冲进禅房：“师父！这下真完了！好多草籽被雨冲走了！”

“冲到哪儿，就在哪儿发！”师父说，“随缘！”

一个星期过去了。原本光秃的地面，竟然长出许多青翠的草苗。一些原本没播种的角落，也泛出绿意。

小和尚高兴得直拍手。

师父点头：“随喜！”

随不是跟随，是顺其自然，不怨怼、不躁进、不过度、不强求。随不是随便，是把握机缘、不悲观、不刻板、不慌张、不忘形。

不要幻想生活总是那么圆圆满满，也不要幻想在生活的四季中享受所有的春天。每个人的一生都注定要跋涉沟沟坎坎，品尝苦涩与无奈，经历挫折与失败。

在漫漫旅途中，失意并不可怕，受挫也无需忧伤。只要心中的信念没有萎缩，只要自己的季节没有严冬，即使风凄厉冷，即使大雪纷飞。艰难险阻是人生对你另一种形式的馈赠，坑坑洼洼也是对你意识的磨砺和考验。落英在晚春凋零，来年又灿烂一片；黄叶在秋风中飘落，春天又焕发出勃勃生机。这何尝不是一种达观,一种洒脱,一份人生的成熟,一份人情的练达。

这种洒脱人生,不是玩世不恭,更不是自暴自弃。洒脱是一种思想上的轻装,洒脱是一种目光的朝前。有洒脱才不会终日郁郁寡欢,有洒脱才不觉得生活太累。

懂得了这一点,我们才不至于对生活求全责备,才不会在受挫之后彷徨失意。懂得了这一点,我们才能挺住刚劲的脊梁,披着温柔的阳光,找到充满希望的起点。

一个人的性格,往往在大胆中蕴含了鲁莽,在谨慎中伴随着忧郁,在聪明中体现着狡猾,在固执中折映出坚强。羞怯会成为一种美好的温柔,暴躁会表现一种力量与激情,但无论如何,豁达,对于任何人来说都会给人生赋予一种完美的色彩。

一般认为,豁达是一种人生的态度,但从更深的层次看,豁达却是一种待人处事的思维方式。

1. 豁达=承认事实

有一个人,他的性格并不是很开朗奔放,但他对待事情几乎从不焦躁紧张。细细观察体会会发现,他有一些与众不同的反应方式。比如他被小偷扒走了钱包,发现后叹息一声,转身便会问起刚才丢失的身份证、工作证、月票的补办手续。一次,他去参加电视台的知识大赛,闯过预赛、初赛,进入复赛,正洋洋得意时,不料却收到了复赛被淘汰的通知书。他发了几句牢骚,中午就兴致勃勃地拜师学起桥牌来。这些,反映出他的一种本能的思维方式,那就是承认事实。事实一旦来临,不管它有多么有悖于心愿,但这毕竟是事实。

大部分人的心会在此时产生抗拒波动,但豁达者的兴奋点会迅速地绕过这种低落的心理冲突区域,马上转到下边该做什么的思路上。豁达者会发现,事实不可再改变,不如做些弥补的事情,而不让这些令人沮丧的事在情绪的波纹中扩大它的阴影。这堪称是一种最大的心理力量。

2. 豁达=趋利避害

豁达的人,每每是乐观的。而所谓乐观,按照某位哲人的说法,就是乐观的人与悲观的人相比,仅仅是因为后者选择了悲观。

豁达的人在遇到困境时,除了会本能地承认事实,摆脱自我纠缠之外，还有一种趋利避害的思维习惯。这种趋利避害，不是为了功利，而是为了保持情绪与心境的稳定与明亮。

这也恰似哲人所言："所谓幸福的人，是只记得自己一生中满足之处的人；而所谓不幸的人，是只记得与此相反的内容的人。"每个人的满足与不满足并没有太多的差异，幸福与不幸福相差的程度却会相当巨大。

3. 豁达 = 自嘲自解

观察、分析一个心胸豁达的人，你往往会发现，他的思维习惯中有一种自嘲的倾向。这种倾向，有时会显于外表，表现为以幽默的方式摆脱困境。自嘲是一种重要的思维方式。每个人都有许多无法避免的缺陷，这是一种必然。不够豁达的人，往往拒绝承认这种必然。为了满足这种心理，他们总是紧张地抵御着任何会使这些缺陷暴露出来的外来冲击。久而久之，心理便变得脆弱了。一个善于自嘲的人，却可以免于此患。他能主动察觉自己的弱点，并认为没有必要去尽力掩饰。从根本上来说，一个尴尬的局面之所以形成，只是因为它使你感到尴尬。要摆脱尴尬，走出困境，需要极大的努力，但自嘲却为豁达者提供了一条能轻而易举逃遁出去的途径——那些包围我的，本来就不是我的敌人。于是，尴尬或困境就不存在。

4. 豁达 = 游戏精神

豁达也有程度的区别，有些人对容忍范围之内的事，会很豁达，但一旦超出某种极限，就会突然改变，表现出完全相异的一种反应方式。最豁达的人，则具有一种游戏精神，将容忍限度扩大。有这样一个故事：一个身经百战、出生入死、从未有畏惧之心的老将军，解甲归田后，以收藏古董为乐。一天，他在把玩一件最心爱的古瓶时，不小心差点脱手，吓出一身冷汗，他突然若有所悟："为什么当年我出生入死，从无畏惧，现在怎么会吓出一身冷汗？"片刻后，他悟通了："因为我迷恋它，才会有忧患得失之心，破了这种迷恋，就没有东西能伤害我了。"遂将古瓶掷碎于地。

豁达者的游戏精神，即是如此。他把一切视为一种游戏，尽管他会满怀热情，尽心尽力去投入，但他真正欣赏的只是做这件事的过程，而不是目的，游戏的乐趣在于过程之中。那么，他也就解脱了得失之心的困扰。

百年人生的得与失

传说，上帝创造了亚当，对他说："你将会统治人间的一切生命，过上幸福无比的生活。"

然而，这么美好、幸福的享受仅仅是30年。亚当觉得时光太短促了，祈求上帝再给他增加几年。

上帝考虑了一下，答应给他找几个动物，看看它们能否把自己的寿命让出一部分来送给亚当。

第一个出现的是驴。上帝对它说："你命中注定要努力工作，身负重担，只能吃点草维持生命。"

驴的寿命是40年。它说："我为什么要受那么多年的苦呢？20年足够了。"

亚当非常高兴地接受了驴的礼物。这下，他能活50年了。

接下来，上帝又把狗叫来，对它说："你命中注定要成为主人的忠实奴仆，保护他和他的财产，而你只能吃到少量的食物，还要经常遭受拳打脚踢。"

狗的寿命也是40年。它悲哀地叫道："我为什么该吃那么多苦呢？一半的时间足够了。"

亚当欢呼雀跃地接受了狗的馈赠。这样，他就能活到70岁了。

最后上来的是猴子。上帝对它说："你命中注定要用两只脚走路，供人玩乐取笑，至于吃的东西，只是人们的一点施舍罢了。"

猴子的寿命是60年，它厌倦地撇撇嘴："为什么活那么长呢？30年就已经不短了。"猴子把自己30年的寿命拱手送给了亚当，亚当欣喜若狂。从那时起，人就能活到100岁了。

这100年自然地分成四个阶段：

第一个阶段是从出生到30岁。这期间人们尽情地享受生活，身强力壮，过着自由自在的生活。

第二个阶段是从30岁到50岁。男人娶妻生子，东奔西走，养家糊口，为了生存，不得不像驴一样辛苦劳作。这就是20年驴的生活。

第三个阶段是从50岁到70岁。他成为子女的奴隶，像一条狗那样忠实地守护着儿女的财产，儿女们却不许他上桌吃饭。这就是 20 年狗的生活。

第四个阶段是从 70 岁到 100 岁。此时的人牙齿脱落，皱纹纵横，举止和外形都很奇怪，孩子们就经常追逐取笑他们。这就是 30 年猴子的生活。

读完这则小故事，你感到心灵的震撼了吗？

一个人从呱呱坠地到停止呼吸，有几十年甚至百年的生命历程。如果我们把人生看成行路，那么人生历程中每迈出一步，都会在生命的星河中留下闪亮的一点。这诸多亮点连缀起来便是人的生命之光在历史屏幕上划出的轨迹。这轨迹不是直线而是曲线：在壮年时达到最高峰，此极值之前处于上升时期，是人的奋斗阶段；此极值之后则处于慢慢下降阶段，这一时期更多的是回忆。这个故事所提炼的人生当然只是一个极尽夸张的传说。但我们仍须肯定这样的观点：人生毕竟是分阶段的，有美满也有辛苦，有欢欣也有苦痛。这又正好有力地说明了在人生中存在着屈伸规律。从生命划出的轨迹中我们看得出，此曲线并非光滑的曲线，而是曲曲折折、屈屈伸伸的。人生就是这样，正是因为其曲折，屈伸才有了几多回味，才更显得其丰富。直线纵然简练，但却无法与曲线之美相比。人生之曲线往往于其曲折之处包含着深邃、智慧和成熟。知道了这点，我们的重要任务就是如何在百年人生中扬屈伸之道，步曲折之途，绘一幅绚丽多姿的人生画卷。路在脚下，开拓靠自己。如果该伸之时不懂奋斗，那么下场也许真会如猴如狗的；如果人生行路只是随波逐流，那得到的将只会是无尽的遗憾。罗曼·罗兰说过一句话："人生不是旅行，不出售来回票，一旦动身就很难返回。"

人生道路不可重复，即使可以使自己重新开始，但社会在发展，环境在变化，根本不可能再面对同样的选择条件。

人生百年给予青年人的是憧憬，给予壮年人的是理性，给予老年人的是回忆。祝愿我们自己吧！但愿当我们步入老年，回首往事时能忆起一番精彩。

放弃也是一种收获

在落泪前留下身影，将昨天埋在心底，有个轻松的开始。

许多事情，总是在经历过才会懂得。一如感情，痛过了，才会懂得如何保护自己；傻过了，才会懂得适时的坚持与放弃，在得到与失去中我们慢慢地认识自己。其实，生活并不需要无谓的执著，没有什么东西是真的不能割舍的。学会放弃，生活会更美好和轻松。

学会放弃，在落泪以前转身离去，留下简单的背影；学会放弃，将昨天埋在心底，留下最美的回忆；学会放弃，让彼此都能有个更轻松的开始。遍体鳞伤的爱并不一定就刻骨铭心，这一路情深缘浅，走到今天，已经不容易，轻轻抽出手，说声“再见”，真的很感谢这一路有你。曾说过爱你的，今天仍是爱你，只是爱你，却不能与你在一起。一如爱那原野的火百合，爱它，却不能携它归去。

每一份感情都很美，每一程相伴也都令人迷醉。是不能拥有的遗憾让我们更感缱绻；是夜半无眠的思念让我们更觉留恋。感情是一份没有答案的问卷，苦苦地追寻并不能让生活更圆满。也许一点遗憾，一丝伤感，会让这份答卷更隽永，也更久远。

收拾起心情，继续走吧，错过花期，你将收获果实；错过她，我才遇到了你。继续走吧，你终将收获自己的幸福。

谁说喜欢一样东西就一定要得到它。有时候，有些人为了得到他喜欢的东西，殚精竭虑，费尽心机，更甚者可能会不择手段，以至走向极端。也许他得到了他喜欢的东西，但是在他追逐的过程中，失去的东西也无法计算。他付出的代价是其所得无法弥补的。也许那代价是沉重的，直到最后才会被他发现。其实喜欢一样东西，不一定要得到它。

有时候为了强求一样东西而令自己的身心都疲惫不堪，是很不划算的。再者，有些东西是“只可远观而不可近瞧的”，一旦你得到了它，日子一久你可能会发现其实它并不如你原本想象中的那么好。如果你再发现你失去的和放弃的东西更为珍贵，你一定会懊恼不已。所以，有这样一句话“得不到的东西永远是最好的”。所以当你喜欢一样东西时，得到它也许并不是你最明智的选择。

谁说喜欢一个人就一定要和他在一起。有时候，有些人为了能和自己喜欢的人在一起，不惜“一哭二闹三上吊”，想以此挽留爱。也许留住了爱人的人，却留不住他的心。更有甚者，为了得到自己爱的人而赔上了自己年轻而灿烂的生命，可能这会唤起爱人的同情吧，但是这也带给了他更多的内疚和自责，从此快乐会和他挥手告别。其实喜欢一个人，并不一定要和他在一起，有人常说“不在乎天长地久，只在乎曾经拥有”，喜欢一个人，最重要的是让他快乐，因为他的喜、怒、哀、乐会牵动你的情绪。所以也有这样一句话“你快乐，所以我快乐”。因此，当你喜欢一个人时，暗恋也不失为上策。

有一首歌这样唱：“原来暗恋也很快乐，至少不会毫无选择；为何从不觉得感情的事多难负荷，不想占有就不会太坎坷；不管你的心是谁的，我也不会受到挫折，只想做个安静的过客。”所以，无论是喜欢一样东西也好，喜欢一个人也罢，与其让自己负累，还不如轻松面对，即使有一天放弃或者离开，你也学会了平静，你也会有所收获。

喜欢一样东西，就要学会欣赏它，珍惜它，使它更弥足珍贵。喜欢一个人，就要让他快乐，让他幸福，使那份感情更诚挚。如果你做不到，那你还是放手吧，因为放弃也是一种美丽，放弃也是一种收获。

平静与快乐

大约三百年前，当弥尔顿双目失明后，他就发现了这一真理：“思想运用以及思想本身，能将地狱变为天堂，抑或将天堂变为地狱。”

以拿破仑和海伦?凯勒的生平为例，就可以证明弥尔顿的话是何等的正确。拿破仑拥有了一般人梦寐以求的一切：荣耀、权力、财富等等。然而他却对圣海琳娜说：“在我的一生中，从来没有过快乐的日子。”而海伦?凯勒是个又盲又聋又哑的残疾人，可她却说：“生活是多么美好啊！”

是的，“除了你自己，没有任何人和任何事物可以给你带来平静”。我们内心的平静与我们在生活中所获得的快乐，并不在于我们身处何方，也不在于我们拥有什么，更不在于我们是怎样的一个人，而只在于我们的心灵所达到的境界。在这里，我们享受着生命带给我们的平静与快乐，外界的因素与此并无多大的关系。

清理人生

生活不是单纯的取与舍，不要斤斤计较失去的，有时得到比失去更可贵。

每个职场中的人到了岁末年初，总要将自己的办公桌彻底清理一次。扔掉那些毫无保存意义的信件、材料，再将其他的重新进行归类整理，使之井井有条、耳目一新，给自己创造一个相对宽松、舒适的环境和好心情。虽然如此，总有一些东西年年都舍不得丢弃，却从未派上用场，仔细想想，连自己都觉得纳闷和哑然。人们总习惯以“可能有用”为借口而保留了一件件、一堆堆“废品”和“垃圾”，直到有一天狠狠心将它扔掉后也不觉得生活中少了什么时，才明白它是多么多余的东西，才意识到自己所犯的“错”。

随着年龄的增长、岁月的洗礼、阅历的丰富、知识的积累与沉淀，人们对生活注入了新的思考与认知，同时也对传统思想、观念进行了深刻的审视、反省与诠释，对一切诸如习惯、观念、想法、经验、爱好等无形的东西也在不断地进行筛选和更新。一些过时的或给生活造成不必要的麻烦的，我们要有勇气随时丢弃它，即便要为此付出很多时间、精力，甚至要忍受煎熬和痛苦。这样一来，我们才有机会和足够的时间、精力、空间，学习和接纳一些科学的、新鲜的事物。

丢弃某些东西不易，要守护某些东西也并不轻松。

保留一份天真与单纯，坚守一份信念与追求，保留一份正义与良知，坚守一份尊严与操守，留住一份向往和梦想……

尊严、道义、气节、操守、信念、志向，不仅仅是个人的事，它直接关系着一个民族、一个国家的声望、前途和命运，我们完全没有理由和借口来回避和拒绝，“不为五斗米折腰”的陶渊明、“留取丹心照汗青”的文天祥、“先天下之忧而忧”的范仲淹，以及近代、当代的一些人们耳熟能详的爱国仁人志士的可歌可泣、感人肺腑的英雄事迹，启迪、鞭笞、激励着一代又一代有识之士为了国家和民族的前途，将个人安危生死置之度外，抛头颅洒热血也在所不辞，用个人生命换取民族的觉醒和革命事业的成功，铸起一个国家、一个民族的精神之魂，建树国家和民族的神圣尊严和繁荣富强。

他们为实现各自的人生理想、人生追求和人生价值而前仆后继，他们的英名与事迹也随之传遍神州、流芳百世。

而在人欲膨胀、物欲横流的当代，面对因市场经济和社会变革的激荡冲击而滋生出的种种物质的、精神的刺激、诱惑和陷阱，人们内心无法割舍对功名利禄的追逐，经受这种种的挑战和考验，人们的思想观念、价值观念、伦理道德也相应地发生了一系列的变化。

到底还要不要坚守志向、信念、道德、操守、正义和良知，捍卫和呵护人类共同的精神家园的问题，困扰和拷问着每一个现代人。许多人经得住革命战争的枪林弹雨，却被用钞票包裹的“糖衣炮弹”击穿；许多人能欣然面对和迎接各种困难、挫折、厄运的挑战，却不能坦然面对和接受“绚烂归于平淡”的事实，而晚节不保沦为人民的千古罪人。相信人们不会忘记中国“烟草大王”——褚时健曾经为玉溪建树的辉煌业绩，但更无法忘却在他即将“解甲归田”时犯下的滔天罪行和因此而酿成妻离子散、家破人亡的悲剧。

尽管，内在的欲望膨胀与外来的物质蛊惑使一些人信仰的天平发生了严重的失衡，精神发生了可怕的癌变，最终走上犯罪的道路。但是，我们依然要提倡坚守。不管世界如何变化，我们都要像旗手一样保卫战旗、像战士一样捍卫阵地，在喧嚣和浮躁中坚守我们做人的准则，呵护好我们充满正义与良知的心灵。

现实生活往往不是一种单纯的取与舍，他们总是在你死我活的较量中相随相伴而相得益彰，不要斤斤计较失去的，有时我们得到的比失去的更可贵和美好！学会理性地清理心灵中的一些“垃圾”，这样你的人生会变得明亮与灿烂。

人是两掌摊开走掉的

不要把你的生命浪费在积累那些终究要化为灰烬的东西上面。

生活的艺术就在于知道何时应该紧紧抓住，而何时又该放弃。因为生活是复杂的，生活既让我们依赖它的许多赐予，又限定了我们依赖的程度。犹太先知说过：“人紧握着拳头来到世上，却松开手离去。”

的确，我们应该抓住生活，因为生活是奇妙的，到处都充满了美好的事物。而在很多情况下，只有在回顾过去并突然意识到它再也不会出现时，我们才认识到这一真理。常常毫不珍惜美好的每一天，而是太注重琐事，有时甚至拘泥于小节，以至于对美好的生活没有感受力。的确，生活的赐予是珍贵的，但我们太不注意它们了。我们应该不为创造生活的奇迹或慑于生活的威胁而奔忙，应虔诚地对待即将到来的每一天，拥抱每一个小时，抓住珍贵的每一分钟。但生活哲学的另一方面是：我们必须承认我们要有所失，并且应该学会怎么放弃。

要掌握这门学问是不容易的，尤其当我们还年轻，并天真地认为这个世界是受制于我们的，无论我们有什么充满活力的热情和期望都一定能够实现的时候。

在生命的各个阶段，我们都有过挫折，并从中得到了锻炼。我们被送进学校接受教育，尔后我们离开爸爸、妈妈和童年时代的家。我们结婚，生育子女，最后也得让他们去开创自己的事业。我们要面临着父母和配偶的死亡。我们也面临着我们自身力量缓慢地衰弱。最后，我们必须面对失去我们过去得到的和梦想的一切，面对自然死亡，失去自己，就像我们没有出现过一样。

但是，为什么我们要听从于生活矛盾的安排？为什么美好的风行一时的事物不能长久持续？为什么当我们所珍爱的一切最终将离我们而去时，却让我们付出了爱的代价？

为了解开这些疑团，我们必须通过通向未来的窗口观察我们的生活。一旦我们这样做了，我们将认识到，虽然我们的生命是有限的，但我们所创造的一切毕竟是永恒的。

生命绝不仅仅是一种存在。它是一个不断变化、发展的过程。我们的父母通过我们延续其生命，我们将通过我们的孩子延续生命。由我们所形成的制度也将通过他们来延续。我们塑造的美好形象不会因为死亡而黯然失色。虽然我们的肉体会腐烂，我们的双手也将干枯，但我们创造的真、善、美将永远流传。

不要把你的生命浪费在积累那些终究要化为灰烬的东西上面。不能像追求思想那样追求物质，因为只有思想才能赋予生活以意义，并具有永恒的价值。

放弃那些不适合自己去充当的社会角色，放弃束缚你的世故人情，放弃伪装你的功名利禄，放弃徒有虚荣的奉承夸奖，放弃各种蒙住你眼睛的遮羞布，你才能够腾出手来用足够的精力和智慧来赢取你真正应该有的东西，充分地努力做好自己应该做的事，自由自在地发掘自己的潜力，明确地直奔自己应该追求的目标，坚定不移地走自己的路，充分实现自己的人生价值。

如果我们不及时地将损害我们的杂草和肿瘤放弃，不及时地将它们从我们的生活中扫除，从心灵里清理出去，它们就会妨碍我们本应快乐拥有的一切，绊住我们努力前进的脚步，蒙住我们判断是非的眼睛，腐蚀我们的生存，占据我们宝贵的人生空间，榨干我们生命土壤里的水分和营养，打破我们的发展次序，给人生添乱添烦。

生命对我们每一个人来说只有一次，我们不能让太多的人事功名，来消耗我们的光阴和智能；也不可能去成就许多种事业，做到名利双收、事事如意；更不能和那些无意义的世故人情来个持久战，让它们给我们不断地带来麻烦和损失。我们要用放弃来保护自己，来成就自己，来砥砺自己。

放弃，需要背水一战的勇气和魄力，放弃是痛苦的，是难舍的，是悲凉的，需要太多的挣扎、犹豫和勇气，放弃意味着永远的丧失和缺憾，甚至有时需要我们重整旗鼓，从头再来。

放弃，需要智能和远见。放弃，还意味着我们和一些我们想要的东西永远错过；放弃，有时使我们难以割舍。放弃钻营权利和沽名钓誉，你将布衣终身；放弃金钱职位，你再没有了特殊和享乐的机会；放弃社交和朋友，你要承受孤独和寂寞；放弃失败的恋爱婚姻，你要独自飘零单飞。

放弃，尤其需要你调动自己的智能和勇气，进行周密无悔的判断，下定一往无前的决心，然后破釜沉舟，果敢行事。

生活，要求我们学会争取，也要求我们学会放弃。如果你感到太苦太累，如果你有太多的心事和苦恼，如果你失去了表现真我的机会，如果你没有得到真爱真情，如果你的生活被众多的迷雾遮住了眼，请尝试放弃一些包袱和拖累。

及时放弃，放弃得当，勇于放弃。明天，你的太阳会在明朗的天空蓬勃火红地升起；明天，你的人生花园，有了赏心悦目的规划和清理；明天，你家园的土地，会有一片旺盛生长的新气象。

抛开过去走向新生

一个平凡的上班族迈克·英泰尔，37 岁那年下了一个疯狂的决定：放弃薪水优厚的记者工作，把身上仅有的三美元捐给街角的流浪汉，只带了干净的内衣裤，由阳光明媚的加州，搭便车横越美国到达美国东岸北卡罗来纳州的“恐怖角”。这是他精神快崩溃时做的一个仓促决定。在这之前的某个午后他“忽然”哭了，因为他问了自己一个问题：如果有人通知我今天死期到了，我会后悔吗？答案竟是那么的肯定。虽然他有好工作、美丽的女友、善良的亲友，但他发现自己这辈子从来没有下过什么赌注，平顺的人生从没有高峰或谷底。他为自己懦弱的上半生而哭。一念之间，他选择北卡罗来纳的“恐怖角”作为最终目的地，借以表达他征服生命中所有恐惧的决心。

他检讨自己，很诚实地为自己的“恐惧”开出一张清单：从小他就怕保姆、怕邮差、怕鸟、怕猫、怕蛇、怕蝙蝠、怕黑暗、怕大海、怕飞机、怕城市、怕荒野、怕热闹又怕孤独、怕失败又怕成功、怕精神崩溃……他无所不怕，却似乎“英勇”地当了记者。

这个懦弱的 37 岁男人上路前竟还接到奶奶的纸条：“你一定会在路上被人杀掉。”经过 4000 多里路、78 顿餐，仰赖 82 个好心人的帮助，他成功了。

没有接受过任何金钱的馈赠，在雷雨交加中睡在潮湿的睡袋里，也有几个像公路分尸案杀手或抢匪的家伙使他胆战心惊，在游民之家靠打工换取住宿，在几个贫穷家庭里住宿过，碰到不少患有精神疾病的好心人，他终于来到“恐怖角”，接到女友寄给他的提款卡（他看见那个包裹时恨不得跳上柜台拥抱邮局职员）。他不是为了证明金钱无用，只是用这种正常人会觉得“无聊”的艰辛旅程来使自己面对所有恐惧。

“恐怖角”到了，但“恐怖角”并不恐怖。原来“恐怖角”这个名称，是由一位 16 世纪的探险家取的，本来叫“Capefaire”，却被误写为“Capefear”，这只是一个失误。

迈克·英泰尔终于明白：“这名字的不当，就像我自己的恐惧一样。我现在明白自己一直害怕做错事。我最大的耻辱不是恐惧死亡，而是恐惧生命。”

花了六个星期的时间，到了一个和自己想象无关的地方，他得到了什么？

得到的不是目的，而是过程。虽然苦，虽然他绝不会想要再来一次，但在回忆中是甜美的信心之旅，犹如人生。

也许我们会发现，努力了半天到达的目的地，只是一个“失误”。但只要那是我们自己愿意走的路，就不算白走。

后来他写了一本书《不带钱去旅行》。

有所为有所不为

中国有句古话：有所为有所不为。有所得，就必须有所失。什么都想得到，只能是生活中的侏儒。要想获得超常的发挥，就必须扬弃许多东西。瞎子的耳朵最灵，因为眼睛看不见，所以他必须竖着耳朵听，久而久之，听力达到出神入化的境界。会计的心算能力最差，2 加 3 也要用算盘打一遍，而摆地摊的则是速算专家。生活中也一样，当你的某种功能充分发挥时，其他功能可能退化。

世间行业千千万万，哪行做好了都能赚钱。每天都有企业垮台、破产，同样每天也有新的企业诞生。经营任何一种行业的商人，都应该放弃那些不熟悉的行业，经营其熟悉的行业，把它研究深、透，方能成为该行业的老大。商人最忌讳的就是认为什么生意都可做，什么行业的钱都能赚！

很多人都梦想能拥有一份好工作，这份工作最好是能带来财富、名声、地位，令人称羡的。但事实上，在激烈的市场竞争中，已经没有哪一种工作是真正热门的，任何工作，都无法提供完全的保障。那么，如何以不变应万变，取得一份较为实际又富含理想的工作呢？以下建议，你不妨一试：

放长线钓大鱼。求职就业，你不必总是盯着“热门”。过去是三百六十行，现在的行当更多，但没有哪种是永远热门的。而且随着社会的变迁，旧的行业在不断消失，新的行业在不断产生。近 10 年来，就业市场中冒出不少新兴行业，像投资顾问、房屋中介经纪人、自由工作者等等，都吸引了大批就业人口。而一种新型的职业之所以能在就业市场中独领风骚，是与社会经济发展和人们就业观念的转变息息相关的。一开始,它也许并不是热门职业,只是追求的人多了,才成了热门。如果这时你想介入该行业,就应当充分考虑你的兴趣、能力,你的就业磨合期、收益时限以及这一职业的未来前景。

其实,如今整个社会对于“职业贵贱”的观念愈来愈淡,那些过去被人视为“下等人”干的工作,现在反而更能锻炼人的本领,激发出个人的潜力。西方国家的许多大学毕业生,一开始没有多少是按专业找工作的,很多人是从推销员、收银员甚至在餐厅打工起步,然后一步步走上新的岗位。比起“抢短线”的激进行为,在择业中搞“长线投资”似乎更为理智、更为合理。

以智能求生存。时代在变,社会在变,我们正在从事的工作也在不断变化,如何让自己成为就业市场的“常胜将军”呢?你需要的是不断“充电”。除了本职工作,你还应当熟知一些专业以外的事务。不仅要成为专业人才,还要把自己塑造成一个适合时代发展的复合型人才。这样,你才能适应就业市场的需求。

个人主导生活。为了求得一份收入丰厚的工作,有不少人放弃了个人的兴趣追求。工作的时候往往超负荷运转,个人空间极小。从社会对劳动力的不同需求来看,这种选择无可厚非。但这往往不是人们心目中最理想的选择。赚钱当然是必要的,但人们除了工作之外,对其他事物也有追求,如自由的时间、健康的身体、满意的人际关系和幸福的家庭等等。因此,一份相对自由的和一份能充分发挥个人聪明才智的工作将越来越成为人们的首选择业目标。这样,人们就有可能拥有更多灵活的时间,弹性安排自己的生活。这样的工作才是个性化的、理想的工作。

不要追求完美

学会接受自我,才能构建属于自己的头脑。

这是美国心理学家纳撒尼尔·布兰登亲身经历的例子:许多年前,一位叫洛蕾丝的 24 岁的年轻妇女无意中读了布兰登的一本书,并找他来进行心理治疗。洛雷斯有一副天使的面孔,可做起事来却粗俗不堪,而且她曾吸毒。

布兰登说："她做的一切都使我讨厌，可我又喜欢她，不仅因为她的外表相当漂亮，而且因我确信在堕落的表象下她是个出色的人。起初，我用催眠术使她回忆在她初中是个什么样的女孩子。她当时很聪明，但是不敢表现自己，怕引起同学的嫉妒。她在体育课上比男孩强，招惹来一些人的讽刺挖苦，连她哥哥也怨恨她。我让她做真空练习，她哭泣着写下这样一段话：你信任我，没有把我看成坏人！你使我感动到痛苦，也感到了期望！你把我带到了真实的生活，我恨你！"

一年半后，洛蕾丝考取洛杉矶大学学习写作，几年后成为一名记者，并结了婚。10年后的她：衣着华丽，神态自若，生气勃勃，丝毫不见过去的创伤。洛蕾丝说："布兰登是没有把我当成坏人看待的那个人，他把我看做一个特殊的人，也使我看到了这一点。那时我非常恨他让我承认我是谁，我到底是什么人，这是我一生中从未遇到的事。人们常说承认自己的缺点是多么不容易的事，并且要改正这些缺点同样是那么艰难。"

为什么放弃完美、自我接受不容易？因为自我肯定这个事实，使你必须真正保持清醒的头脑。振作情绪，抓住机遇，迎接生活的挑战，这就是自觉的生活，积极的心态。如果你对朋友没有诚意，即不能自我接受、自我肯定，自己也会产生被遗弃的感觉。由此可见，自我接受是自信的意识和勇敢的行为！

真正要面对成功，就必须要学会放弃完美，不求完美，因为我们的确不是完美无瑕的。这是一个令人宽慰的事实，我们越是极早地接受这一事实，就越能极早地向目标迈进，这是人生的真谛。

没有自我接受、自我肯定这个先决条件，我们怎么会改进和提高呢？比如怎么看待自我形象。

你站在一面穿衣镜前，观察自己的面孔和全身。你可能喜欢某些部分，而不喜欢某些部分。有些地方可能不怎么耐看，使你感到不安。如果你看自己不喜欢的样子，请你不要逃避，不要抵触，不要否认自己的容貌。这个时候的你需要放弃完美，放弃"公有化"的标准，而用自己的标准来看待自己，否则你就无法自我接受、自我肯定。

法国大思想家卢梭说得好："大自然塑造了我，然后把模子打碎了。"许多人不肯接受这个已经失去了模子的自我，于是就用自以为完美的标准，即公共模子，重新塑造自己，结果彼此变得如此相似，从而失去了自我。

“成为你自己！”这句格言之所以知易行难，道理就在于此。失去了自我，失去了个性与自我意识，还谈什么改进和提高呢？

应当怎么办？你要用自己的眼光注视镜子里边的自我形象，并试着对自己说：“无论我有什么缺陷，我都无条件地完全接受，并尽可能喜欢我自己的模样。”你可能想不通：我明明不喜欢我身上的某些东西，我为什么要无条件的完全接受呢？

接受意味接受事实，是承认镜子里的面孔和身体就是自己的模样。接受自己承认事实，你会觉得轻松，感到真实和舒服了。不久，你就会体会到自我接受与自信自爱之间的相辅相成的关系。我们学会接受自我，才会构建属于自己的头脑。

放弃完美的人才能接受自我

古语云：“甘瓜苦蒂，物不全美。”从理念上讲，人们大都承认“金无足赤，人无完人”。正如世界没有十全十美的东西一样，也不存在精灵神通的完人。但在认识自我，看待别人的具体问题上，许多人仍然习惯于追求完美，求全责备，对自己要求样样都是，对别人也往往是全面衡量。

难道那些英魂、名人果真那么光彩夺目、无可挑剔吗？绝非如此。任何人总有其优点和缺点两个方面。

美国大发明家爱迪生，有过一千多项发明，被誉为“发明大王”，但他在晚年却固执地反对交流输电，一味主张直流输电。电影艺术大师卓别林创造了生动而深刻的喜剧形象，但他却极力反对有声电影。

人是可以认识自己，操纵自己的。人的自信不仅是相信自己有能力有价值，同时也相信自己有缺点。我们放弃了完美，就会明白我们每个人的两重性是不可改变的。所以，我们应当保持这样一种心态和感觉，知道自己的长处、优点，也知道自己的短处、缺点；知道自己的潜能和心愿，也知道自己的困难和局限。自己永远具有灵与肉、好与坏、真与伪、友好与孤独、坚定与灵活等等的两重性。

自我容纳的人，能够实事求是地看自己，也能正确理解和看待别人的两重性，这样就会抛弃骄傲自大、清高孤僻、鲁莽草率之类导致失败的弱点。我们以这种自我肯定，自我容纳的观念意识付诸行动，就能从自身条件不足和所处的不利环境的局限中解脱出来，去说自己想说的话，做自己想做的事，不必藏拙，不怕露怯。即使明知在某方面不如别人，只要是自己想做的事，也会果敢行动。因为任何一个人只有经过羞怯紧张、挫折失败那样的阶段，才能学会走路、讲话、游泳、滑冰等本领和技艺。任何人都有缺点和弱点，任何人也都是无知无能的，只不过表现在不同的事情上而已。因而，人人在自我表现和与交际中都会有失误的表现。有些人由于不能实事求是地对待自己的缺点，拿出勇气去革新自己、突破自己，所以，他们情愿不做事、不讲话、不参与交际，也不愿意在别人面前暴露自己的弱点。如在灯火绚丽、乐曲悠扬的宴会厅里，他们很想站起来跳舞，可是怕别笑话自己笨拙而宁愿做一晚上的看客。跳得好的人越多，他们就越鼓不起勇气。

美国著名的管理学家彼得·德鲁克在《有效的管理者》一书写道：倘要所有的人没有短处，其结果最多是一个平庸的组织。所谓‘样样都是’，必然‘一无是处’。才干越高的人，其缺点往往也越明显，有高峰必有深谷。”

谁也不可能十项全能，与人类现有的博大的知识、经验、能力的汇集总和相比，任何伟大的天才都不及格。一位经营者如果只能见人之所短处而不能见人之所长，从而刻意于挑其短而不着眼于其长，这样的经营者本身就是弱者。有些人，搞不清楚为什么要放弃完美。尽管追求完美而达不到理想的目标，但总可以促使自己有所改进和提高吧！我们要有所改进和提高，必须要通过一个重要的环节，就是学会自我接受，自我肯定。因而，我们只有放弃完美，才能树立起自信自爱的意识，才能真正地认识和确立自己的价值、选择和追求。

幸福是什么？

幸福是什么？幸福就是让自己拥有一个好心态，抹擦掉自己的眼泪。

一位少妇，回家与母亲倾诉，说婚姻很是糟糕，丈夫既没有很多钱，也没有好的职业，生活总是周而复始，单调无味。母亲笑着问：“你们在一起的时间多吗？”女儿说：“太多了。”母亲说：“当年，你父亲上战场，我每日期盼的是他能早日从战场上凯旋归来，与他整日厮守，可惜他在一次战斗中牺牲了，再也没有回来。我真羡慕你们能够朝夕相处。”母亲沧桑的老泪一滴滴掉下来，女儿仿佛明白了什么。

一群男青年，在餐桌上谈起自己的老婆时，说老婆总是管束得太严，几乎失去了自由。边说边有了大丈夫的凛然正气，狂饮如牛，扬言回家要和老婆怎么斗争。邻桌的一位老人家默默地听了，起身向他敬酒，问：“你们的夫人都是本分人吗？”男青年们点头。老人家叹了一口气，说：“我爱人当年对我也是管得很严，我愤然离婚，以至于她后来抑郁而终。如果有机会，我多希望能当面向她道一次歉，请求她时时刻刻地看管着我。小伙子，好好珍惜缘分呀！”男青年们望着神色黯然的老人家，沉默不语，若有所悟。

一位干部，因为人员分流，从领导岗位上退了下来，一时间萎靡不振，判若两人。妻子劝慰他说：“仕途难道是人生的最大追求吗？你至少还有学历还有专业技术呀，你还可以重新开始你的新的事业呀，你一直是个善待生活的人。我们并不会因为你做不做领导而对你另眼相待。在我的眼里，你还是我的丈夫，还是孩子的父亲。我告诉你亲爱的，我现在甚至比以前更加爱你。”丈夫望着妻子，久久不语，眼里闪烁着晶莹的泪光。

一位盲人，在剧院欣赏一场音乐会。交响乐时而凝重低缓，时而明快热烈，时而浓云蔽日，时而云开雾散。盲人惊喜地拉着身边的人说：“我看见了。看见了山川，看见了花草，看见了光明的世界和七彩的人生……”

一个听力失聪的孩子，在画展上看一幅幅作品。他仔细地看着，目不转睛，神情专注，忽然转身，微笑着大声地对旁边的父母说：“我听到了，听到了小鸟在歌唱，听到了瀑布的轰鸣，还有风儿呼啸的声音……”

一位病人，医生郑重地告诉他，手术成功，化验结果出来了，从他腹腔内摘除的肿瘤只是一般的良性肿瘤，经过一段时间的疗养便可康复出院，并不危及生命。他顿时满面春风，双目有神，紧紧地握着医生的手，激动地说：“谢谢，谢谢，是你们给了我第二次生命……”

幸福在哪里？带着这样的问题，我们在努力寻找答案。其实，幸福是一个多元化的命题，我们在追求着幸福，幸福也时刻地伴随着我们。只不过，很多时候，我们身处幸福的“山中”，却从远近高低的角度看到别人的幸福风景，往往没有悉心地感受自己所拥有的幸福天地。

活着就是幸福

一位名人去世了，朋友们都来参加他的追悼会。昔日风光无限的名人躺在骨灰盒里，百万家财不再属于他，宽敞的楼房也不再属于他。他所拥有的只有一个骨灰盒大小的空间，山珍海味浇灌的肚子也化成了一把灰烬。

从名人的追悼会上回来，几乎每一个人都产生了看破红尘的念头。那么聪明的一个人，那么会算计的一个人，每一个曾经与他斗的人最终都败下阵来，可是他斗来斗去也斗不过命。撒手人寰以后，一切都是空。

人们想：趁现在好好活着吧，活着就是幸福。你看名人的遗孀那副泪水涟涟的样子！什么名呀利呀，权呀势呀都化为了泡影。轰轰烈烈了一世，最后还不是一个人孤零零地离开？以前踩着那么多人的肩膀向上爬，得罪了那么多人，失去了那么多美好的东西，值么？

追悼会是一次洗礼。从死亡的身边经过以后，才知道活着是怎么回事。真想给竞争对手打个电话说："让我们言归于好吧，让我们好好珍惜现在鲜活的生命。"

可扬尘的街道、喧嚣的人群、无休止的加班、爱刁难人的上司、幸灾乐祸的死对头等等又让人心情浮躁。明天还是要忙忙碌碌的奔波，又要为这些琐碎而生活。

一边是死亡的震撼，一边是活着的琐碎。我们很容易被死亡所震撼，然而我们更容易被活着的琐碎所淹没。不要去在意那些繁杂的纠葛，活着就是幸福，让我们好好珍惜现在鲜活的生命。

联想幸福

去工作而不要以挣钱为目的；去爱而忘记所有别人对你的不是；去跳舞而不管是否有他人关注；去唱歌而不想着有人在听；去生活就想这世界便是天堂。

假如将全世界各种族的人口按一个一百人的村庄来计算的话，那么，这个村庄将有：57 名亚洲人、21 名欧洲人、14 名美洲人（包括拉丁美洲）、

8名非洲人；52名女人和48名男人；30名白人和70名非白人；30名基督教徒和70名非基督教徒；89名异性恋者和11名同性恋者；6人拥有全村财富的89%而这6人均来自美国；80人住房条件不好、70人为文盲、50人营养不良、1人正在死亡、1人正在出生、1人拥有电脑、1人（对，只有一人）拥有大学文凭。

如果我们以这种方式认识世界，那么忍耐与理解则变得再明显不过了。也请记住下列信息：

如果今天早上你起床时身体健康，没有疾病，那么你比其他几百万人更幸运，他们甚至看不到今天的太阳了；

如果你从未尝试过战争的危险、牢狱的孤独、酷刑的折磨和饥饿的滋味，那么你的处境比其他五亿人更好；

如果你能随便进出教堂或寺庙而不被恐吓，不受暴行和不被杀害，那么你比其他30亿人更有运气；

如果你有食物可吃，有衣可穿，有房可住及有床可睡，那么你比世上75%的人更富有；

如果你在银行有存款，钱包里有票子，盒里有零钱，那么你属于世上8%最幸运之人；

如果你父母双全，没有离异，且同时满足上面的这些条件，那么你的确是那种很稀有的地球人；

如果你读懂了这封信，那么你刚刚得到了一个双重的祝福，因为至少有发这封信给你的人在想着你，而且你不属于那另外20亿文盲中的一个。

所以，去工作而不要以挣钱为目的；去爱而忘记所有别人对你的不是；去跳舞而不管是否有他人关注；去唱歌而不要想着有人在听；去生活就想这世界便是天堂。

平凡中孕育着伟大

一位著名的天文学家，时常喜欢在夜晚到海边散步，观看天上的星象。

有一天，他又和往常一样来到海岸边，正巧遇上一个打鱼归来的渔夫坐在石头上补着他的网。渔夫见到仰头看着天空的天文学家，热情地和他打了个招呼："先生，今晚的夜色真美啊！"天文学家不屑地望了渔夫一眼，回答道："我不是在欣赏夜色，我是在研究天空中的星星。你懂得星象学吗？"

渔夫经过这一阵抢白，讪讪地答道："我只是一个打鱼的，哪会懂得这么高深的学问啊？"天文学家从鼻孔中"哼"了一声，不再理会渔夫，继续昂首观看他的星象，渐行渐远离去。在天文学家走惯了的海边，不知道是谁掘了一个大洞。天文学家走着走着，一不留神，猛然跌进了这个大洞之中，幸而伤势不重，只是跌断了腿骨，不能爬出洞来。

天文学家在洞中发出一连串的哀号，希望有人能够听见他的声音赶来搭救。不远处的渔夫完成了自己的工作，带着渔网打算回家，听到天文学家的求救声，连忙快步赶了过来，利用手中现成的渔网垂到洞中，将天文学家拉了上来。

天文学家坐在地上喘息着，犹不忘为自己失足跌落洞中的窘态做掩饰。他对渔夫解释，他是因为专注于观察天象才会忽略了地上的这个大洞。

渔夫笑着道："没关系，我这个破渔网，网不住天上的星星，但要救您却是绰绰有余。下次您若是遇上同样的情况，大可再叫我来拉您上来。"

拥有梦想，正像是可以仰观天上的星辰一样，的确是一个十分美好的期待，但千万莫要像故事中的天文学家一样，只顾着捕捉那遥远不可及的迷梦，忘了身前正有一个大洞在等着他。

渔夫的破网从来与星星无缘，却能够在最适当的时机，解救被梦想充斥头脑而跌落深洞的人。

你不会一无是处的

当你把自己彻底放弃时，你就没有了选择，那就真的是一无是处了。

法国文豪大仲马在成名前，穷困潦倒。有一次，他跑到巴黎去拜访他父亲的一位朋友，请他帮忙找个工作。

他父亲的朋友问他："你能做什么？"

"没有什么了不得的本事，老伯。"

“数学精通吗？”

“不行。”

“你懂得物理吗？或者历史？”

“什么都不知道，老伯。”

“会计呢？法律如何？”

大仲马满脸通红，第一次知道自己太不行了，便说：“我真惭愧，现在我一定要努力补救我的这些不行。相信不久之后，我一定会给老伯一个满意的答复。”

他父亲的朋友对他说：“可是，你要生活啊？将你的住处留在这张纸上吧。”

大仲马无可奈何地写下了他的住址。他父亲的朋友叫着说：“你终究有一样长处，你的名字写得很好呀！”

你看，大仲马在成名前，也曾有过自己认为自己一无是处的时候。然而，他父亲的朋友，却发现了他的一个看似并不是什么优点的优点——把名字写得很好。

把名字写得好，也许你对此不屑一顾。然而，不管这个优点有多么小，但它毕竟是个优点。你便可以以此为基地，扩大你的优点范围。名字能写好，字也就能写好；字能写好，文章为什么就不能写好？

我们每个人，特别是不自信的人，切不可把优点的标准定得太高，而对自身的优点视而不见。你不要死盯着自己学习不好、没钱、相貌不佳等等不足之处，你还应看到自己身体好、歌唱得好、字写得好等等不被外人和自己发现或承认的优点。

你不会一无是处，在这个世界上，每个人都潜藏着独特的天赋。这种天赋就像金矿一样埋藏在我们平淡无奇的生命中。

那些总在羡慕别人而认为自己一无是处的人，是永远挖掘不到自身的金矿的。

“寻找最大麦穗论”

一个人不成功是因为他不会选择目标。要善于选择目标，善于丢弃应该丢弃的目标，你就容易成功。最不成功的人，就是盲目追求新目标的人。

人在一生当中精力旺盛的时间是有限的，但是在追求目标的时候，多数人是不考虑时间的，只是在一味地追求，也不管它是否适合自己，只要看到新的东西、新的目标就要追求，这样就非常盲目地把自己很多宝贵的时间都浪费了。所以我们要在新的目标出现的时候，做出适当的选择，然后痛快地做出决定，把不重要的目标丢弃，这样我们会明确我们的目标并且全力以赴，直到成功。这也等于延长了生命。

不会选择目标，就会犯下很幼稚的错误。一个朋友在上大学的时候就很好玩，而且兴趣爱好广泛，只要是新兴起来的东西他都喜欢接触，却独独忽略了自己的学业。正因为他不知孰轻孰重，放弃了本该在学生时代努力追求的东西，抓了不应该全力以赴的东西，所以直到现在他在事业上都无法成功。

望子成龙，望女成凤，可怜天下父母心。一个 6 岁孩子的母亲，希望她的孩子多才多艺。但是在给孩子报兴趣班的问题上，她犯了难。她总是拿不定主意，今天想让孩子学画画，明天想让孩子学艺术体操，后天又想让孩子学习钢琴等等，因为没有一个具体可操作的目标，孩子渐渐长大，样样都学了一点，却样样不能精通，在各方面都显得很平庸。与此相反，她的邻居对待这种问题的思路却不一样。因为邻居的孩子最喜欢跳舞，父母便按照孩子的意愿去创造条件，而不管将来孩子能否成为舞蹈家。因为全家人一直朝着这个目标去努力，孩子最后果真进了演艺界且取得了很好的成绩。

正如在去商场买东西，一些人就爱拿不定主意，每次去商场购物，总爱东挑挑，西看看，总也选不好，有时一天过去了也不见得买到什么东西，这些都是因为他们不能明确自己的目标。而另一些人就不一样了，他们总是直来直去，想买什么就直奔那个柜台，买完就走，这样反而节省时间。所以，有主见的人而更容易做出正确的决定。这也就是为什么很多高级领导都是有主见的人的缘故，因为他们懂得选择，更懂得如何通过自己的选择达到目标。

在中国古人的道德观里，嫁鸡随鸡，嫁狗随狗，女性的美德不在于思想的自主与经济的独立，而在于对丈夫的依从。曾几何时，"依你"、"随你"成为多少女人的口头禅。也正是这些词造就了许多婚姻悲剧。这一点是值得所有的女人注意的。

作为女人,更应该懂得放弃的道理,不要过多注意那些无关的目标。世上事没有最好的,只有更好的。只要从中选出你喜欢的,就是你的成功。一味地苛求最好最完美,最后得到的只能是遗憾。

做一个会选择的人很重要。当你不知如何选择的时候,或者你手头的选择太多的时候,切莫呆在原地浪费时间,不如边走边选,至少你不会错过人生最大的精彩。

苏格拉底的“寻找最大麦穗论”就是教我们如何选择的:在一块麦田里先走上三分之一的路,观察麦穗的长势、大小、分布规律,在随后的三分之一的田地里选定一个相对最大的,然后从容地走完剩下的三分之一。即使在这三分之一里面还有更大的麦穗,按照规律来说也不至于令你太过遗憾。总比一上来就匆匆选定,或者行程快结束了才胡乱抓一个更具有科学性,更能使人心安理得。

苏格拉底的“寻找最大麦穗论”是选择的技巧,也是放弃的智慧。有时候你的目标太多,不妨扔掉一些,这样选择对你而言才会是快乐而不是苦恼。

找到自己喜欢的生活方式

对于生活,人们总会情不自禁地羡慕别人的生活,以为那就是最快乐的享受。其实,不切实际地改变自己,不但得不到快乐,反而会丧失快乐,会增添许多的麻烦和苦恼。

《伊索寓言》中有一个关于乡下老鼠和城市老鼠的故事:城市老鼠和乡下老鼠是好朋友。有一天,乡下老鼠写了一封信给城市老鼠。信上这么写着:“城市老鼠兄,有空请到我家来玩,在这里,可享受乡间的美景和新鲜的空气,过着悠闲的生活,不知意下如何?”

城市老鼠接到信后,高兴得不得了,立刻动身前往乡下。到那里后,乡下老鼠拿出很多大麦和小麦,放在城市老鼠面前。城市老鼠不以为然地说:“你怎么能够老是过这种清贫的生活呢?住在这里,除了不缺食物,什么也没有,多么乏味呀!还是到我家玩吧,我会好好招待你的。”

乡下老鼠于是就跟着城市老鼠进城去。

乡下老鼠看到那么豪华、干净的房子，非常羡慕。想到自己在乡下从早到晚，都在农田上奔跑，以大麦和小麦为食物，冬天还得在那寒冷的雪地上搜集粮食，夏天更是累得满身大汗。和城市老鼠比起来，自己实在太不幸了。

聊了一会儿，他们就爬到餐桌上开始享受美味的食物。突然，“砰”的一声，门开了，有人走了进来。它们吓了一跳，飞也似的躲进墙角的洞里。

乡下老鼠吓得忘了饥饿，想了一会儿，戴起帽子，对城市老鼠说：“乡下平静的生活，还是比较适合我。这里虽然有豪华的房子和美味的食物，但每天都紧张兮兮的，倒不如回乡下吃麦子来得快活。”说罢，乡下老鼠就离开都市回乡下去了。

这则寓言使我们看到不同个性、习惯的老鼠，喜欢不同的生活方式。即使它们都曾经对不同的世界感到好奇、有趣，但他们最后还是都回归到自己所熟悉的生活圈子中去，并且都能得到各自简单而快乐的生活。

不合才合逻辑

婚姻中，两人的不合是一件完全合乎逻辑的事。一群结婚已久的朋友聚在一起，谈起婚姻里的个性冲突时，在场的所有婚姻竟然无一幸免。这岂非怪事？当初两情相悦，自认个性相合才会非君莫嫁，非卿不娶。为什么结婚几年后才来抱怨对方与自己的种种不合？

是爱情使人盲目，还是结了婚的人独具慧眼？他（她）在别人眼中还不错的配偶，却在此时遭到许多独到的批评？

有这样一个实例：先生爱滥买东西，家中堆积如山。床头放满，就堆放地上；地上堆满，就占走廊。妻子疲于打扫整理，于是每次出门或旅行，丈夫一买东西，两人就开始吵架。谈起这一点，妻子就恨得牙痒痒。

另一对夫妻，妻子个性耿直，说话坦诚，一说话必得罪人，得罪人后还不认错。而丈夫却默不作声，只有保持和谐的需求。所以，太太整天想热战而苦无对手，因为丈夫采取冷战态度，彼此话不投机，婚姻关系日趋冷漠。谈起老婆，丈夫一脸无奈，令人同情。

个性不合的故事，有千种万状，形形色色，其复杂、其特异，常令局外人惊讶。这随手拈来的两个事例，就使局内人深受其苦，而在旁人看来是很难了解的不合。

所以,我们不免要问,既然个性不合,当初为何会结婚呢?

答案其实很简单,婚姻中为何有那么多不合?就是因为彼此结婚了!若和一位个性不合的人只做朋友,很多个性的难缠处根本没有机会碰触到。个性不合的同事或上司,再不合,也有职位权限的约束,必须维持表面的合作及安全的距离。但是,在非常封闭、亲密的婚姻关系里,距离很近,短兵相接,个性不合的潜在因子完全得以自由彰显了。由于利害与共,做朋友时不见得构成麻烦的不合之处,都会突显成大问题;由于关系密切,别人可以一笑置之的差异,婚姻中的人却可能因长年累月的忍受而感到痛苦难耐。

在婚姻里,"最好的和最坏的都给你"是常见的游戏。

如果和同事、朋友吵了架,对方会掉头而去,大不了你也可以与他断交。只有配偶和小孩,无论你怎么骂他(她),只要还没有到离婚的地步,他(她)都不能一走了之。

"看我能勉强你到什么程度而你不会走掉?"这是婚姻里的另外一种游戏。所以,不合成了大问题。既已结了婚,就不能像换个公司或与人拆伙那样潇洒地向不合说再见,只能在发现不合后想办法与之共同磨合。而且,要小心维护,不要让与不合勉强共处的怨气及无奈侵略了爱情的地盘,使婚姻中的不合扩大,而感情的相合逐渐消失。

妙的是婚前的相合,也可能正是婚后的不合。恨丈夫乱买东西的老婆,婚前可能正是因为丈夫的慷慨而嫁给他的。讨厌老婆直话直说的丈夫,当初可能就是因为欣赏这个女人谈恋爱的坦诚大方而娶她的。

水既能载舟,便能覆舟。婚前的"相合",可能就是婚后的"不合",只是我们在选择对象时,常常见树不见林,没有远见而已。这个发现,使几位因个性不合而在婚姻中受苦的朋友释然。原来,结婚之后才会发现的不合之处,本来就是一件非常合乎逻辑的事。

心窗

打开心窗,心才能够通达,心灵的视觉才更清晰。

一栋房子如果没有窗户,温暖的太阳就无法照进来,新鲜的空气也不能飘进来。

人都是一样,“心窗”没有打开的时候,就会感到气闷;“心窗”打开了,心才能够通达,心灵的视觉才更清晰。

一旦窗户打开了,心灵的空间也就豁然开朗,对于一些事情也能看得更透彻了,如此再来了解“空”的道理,就能消除“有”的烦恼。

如果明白得到内心空间的好处,就要赶紧腾出空来……

人,总是为了追求名利、权势而劳碌终生;对于金钱,贪求不厌;对于私情欲爱,缠绵不休,万般痛苦不能解脱!

有位太太的先生是知名的企业家,对她百依百顺。在别人看来她很享福,物质生活是上上等的,可以说是幸福中的幸福人。但她仍觉得很苦,朋友问她:“你有什么不满意呢?”

她说:“你不知道啊!他对我感情不专,使我痛苦、不满”。

朋友劝她说:“到底你要追求多少感情才满意呢?不要太强求,感情如同一个球,愈硬碰,它跳得愈高愈远。”

她问:“那要如何解决呢?”

朋友回答道:“放宽尺度,你爱的范围太狭窄了,犹如把感情当成一条绳子,捆绑得他对你产生敬而远之的心理,才使你那么痛苦。你应该以柔和的感情来宽容他的一切,不要以占有欲、威力加在感情上面,否则你先生表面又顺又爱,但内心却又烦又畏,也就难怪他会对你有欺骗的行为。你若能把爱扩大到去爱他所爱的人,他一定会感谢你,同时也更珍惜这份感情中的恩情,因为你给予他的爱是那么的自在。人的感情就像是火炉,只要你多给他宽大的爱,满足他的感情,再冷再硬的心也会被它融化……”

这位为情所苦的太太,后来果真做到去爱他所爱的那些人。夫妻的感情如此,父母子女的感情也是如此。

“问世间情为何物,直教人生死相许”,婚姻是一种“缘”,若能因缘聚而相知相惜,实在是幸福。在共同生活中,彼此能互相包容、欣赏对方的优点,方能圆融一生。在人生旅途上,彼此互相扶持、互相勉励,勇于承担与付出而不逃避,这样才是幸福的人生。

旧鞋的故事

每个人常常会陷于幽暗的人生胡同而不知自拔。

有一个生活比较潦倒的销售员，每天都埋怨自己“怀才不遇”，好像命运在捉弄他。

圣诞节前夕，家家张灯结彩，充满佳节的热闹气氛。他坐在公园里的一张椅子上，开始回顾往事。去年的今天，他也是孤单一人，以醉酒度过他的圣诞节，没有新衣，没有新鞋子，更甭谈新车子、新房子了。

“唉！今年我又要穿着这双旧鞋子度过圣诞节了！”说着准备脱掉这双旧鞋子。这个时候，他突然看见一个年轻人自己滑着轮椅从他身边走过。他顿悟到：“我有鞋子穿是多么幸福！他连穿鞋子的机会都没有啊！”

之后，推销员每做任何一件事都心平气和，珍惜机会，发愤图强，力争上游。数年之后，生活在他面前终于彻底改变了，他成了一名百万富翁。

环顾四周，我们会发觉世上有许多天生残缺的人。他们对生活充满信心，从不埋怨上天对他们不公平或乞求他人救济，反而自立自强，脱颖而出，成为有用人才。有时我们会觉得很惭愧。我们生来五官端正，四肢健全，却为何厌倦生活，厌倦人生，抱怨同事，不满意自己的工作……不知不觉地陷入了这幽暗的胡同？

也许我们每个人对陷入这种幽暗的人生胡同感到可怕，但是更可怕的是，当你陷入了这种危险的境地而你却浑然不知，依然不思进取，不想办法摆脱这种困境。

消气

古时有一个妇人，特别喜欢为一些琐碎的小事生气。她也知道自己这样不好，便去求一位高僧为自己谈禅说道，开阔心胸。

高僧听了她的讲述，一言不发地把她领到一座禅房中，落锁而去。

妇人气得跳脚大骂。骂了许久，高僧也不理会。妇人又开始哀求，高僧仍置若罔闻。妇人终于沉默了。高僧来到门外，问她：“你还生气吗？”

妇人说:“我只为我自己生气,我怎么会到这地方来受这份罪。”

“连自己都不原谅的人怎么能心如止水?”高僧拂袖而去。过了一会儿,高僧又问她:“还生气吗?”

“不生气了。”妇人说。

“为什么?”

“气也没有办法呀。”

“你的气并未消逝,还压在心里,爆发后将会更加剧烈。”高僧又离开了。高僧第三次来到门前,妇人告诉他:“我不生气了,因为不值得气。”

“还知道值不值得,可见心中还有衡量,还是有气根。”高僧笑道。

当高僧的身影迎着夕阳立在门外时,妇人问高僧:“大师,什么是气?”

高僧将手中的茶水倾洒于地。妇人视之良久,顿悟,叩谢而去。

何苦要气?气便是别人吐出而你却接到口里的那种东西。你吞下它便会反胃,你不看它时便会消散。

生气是用别人的过错来惩罚自己的蠢行。夕阳如金,皎月如银,人生的幸福和快乐尚且享受不尽,哪里还有时间去生气呢?

二十九种快乐方式

您今天快乐吗?以下的方法,一定可以让您更快乐:

1. 保持健康,有健康的身体才有快乐的心情。
2. 充分休息,别透支你的体力。累则心烦,烦易生气。
3. 适度运动,会使你身轻如燕,心情愉快。
4. 爱你周围的人并使他们快乐。
5. 用发自内心的微笑和人们打招呼,你将得到相同的回报。
6. 遗忘令你不快乐的事,原谅令你不快乐的人。
7. 真正地去关怀你的亲人、朋友,认真地去对待工作和四周细微的事物。
8. 别对现实生活过于苛求,常存感激的心情。
9. 享受人生,别把时间浪费在不必要的忧虑上。
10. 身在福中能知福,也能忍受坏的际遇,且不忘记宽恕。

11. 献身于你的工作，但别变成它的奴隶。
12. 随时为自己创造一些容易实现的盼望。
13. 每隔一阵子去过一天和你平常不同方式的生活。
14. 每天抽出一点时间，让自己澄心静虑，使心灵宁静。
15. 回忆那些使你快乐的事。
16. 凡事多往好处想。
17. 为你的工作做妥善的计划，使你有剩余的时间和精力自由支配。
18. 追求一些新的兴趣，但不是强迫自己去培养一种习惯。
19.抓住瞬间的灵感，好好利用，别轻易虚掷。
20. 在生活中制造些有趣的小插曲，制造新鲜感。
21. 如果心中不愉快，找个恰当的方式发泄一下。
22. 泡壶好茶，与三两知己畅谈一番。
23. 偶尔忘记你的计划或预算，随心所欲吧！
24. 重新安排你的生活空间，使自己耳目一新。
25. 搜集趣闻、笑话，并与你周围的人分享。
26. 安排一个休假，和能使你快乐的人共度。
27. 去看部喜剧片，大笑一场。
28. 送自己一份礼物。
29. 给心爱的人一个惊喜。

生存的七原则

在学校或在社会，我们都面临一种亟待突破的压力，特别是当我们换学校或得到新工作时。

掌握有效的生存法则，生活会发生奇妙的改变。

(一)Strive(努力)

生存的第一要义是凡事全力以赴，要成功就要付出代价。丘吉尔之所以能摆脱年少轻狂时的颓废，从全班最后一名变成功的政治家、诺贝尔文学奖得主，全靠21岁后的发愤图强。

(二)Turn a corner(转弯)

人在屋檐下一定得低头。这是迂回战术，以退为进。1984年齐曼在可口可乐公司威风八面，创造了新品牌叫做“新可乐”(New Coke)。11 周之后，“新可乐”惨败退出市场，不得已用老方子“传统可乐”(Classic Coke)来挽回市场。他也退出可口可乐改行作顾问。没想到 7 年后，可口可乐重新请他掌握大权。这就要我们学会转弯，等待时机成熟，再争取成功。

(三)Relationship(关系)

这不是在讲走后门的关系。很多人喜欢过河拆桥，到了有困难时，投靠无门。名将拉法叶奋不顾身为美国革命献身，赢得美国上下一致尊崇。当他回到法国时，政坛失意，作战被俘，全靠他的美国朋友四处奔走帮忙支持。最后他得到法国人的认同，接手拿破仑兵败之余的残局，成了国家英雄。友谊帮他度过了人生最痛苦的时刻。

(四)Challenge(敢于挑战)

恰当的时候站起来、举个手、说句话，是敢于向权威挑战的勇气。澳大利亚马歇尔医生发现胃溃疡是一种杆菌引起的。1982 的论文和 1994 年的世界会议确定了马歇尔的“真知灼见”。可是在 1994 之前，他不知遭受了多少冷嘲热讽，因为毕竟他的理论违反了百年来的传统看法！他的坚持发表，甚至不惜出风头，从而成就了自己的大师地位。

(五)Inquiry(不耻下问)

要常问问题。老师喜欢发问的学生，因为表示学生在听，而且正在消化他教的东西。在公司也是如此，笨的老板才会用唯唯诺诺的属下。敢挑战权威的魏征受唐太宗重用；敢质疑科学理论之绝对真理，就产生了杨振宁、李政道、丁肇中及李远哲。“WHY”是一个奇妙又伟大的字。

(六)Venture(冒险)

比尔?盖茨放弃在哈佛读书，因为他有别的想法。他的冒险创造了世界最大的计算机王国——微软。做了老板，他也喜欢用敢冒险却常失败的人在公司做事。

(七)Faith(信仰)

“M”在希伯来文中是“神”的意思。人要有坚定不移的信仰才能成大事。卡特总统虽然做得不出色，但被公认是最有人情味的总统且多次被提名诺贝尔和平奖，因为他心目中有信仰。拉法叶在法国及美国人心目中是比拿破仑更值得尊敬的人，因为他心目中有信仰。

一只漂亮鱼

在人生之中，你选择幸福的同时，也许你又放弃另一种幸福。一条鱼，生活在大海里，总感到没有意思，一心想找个机会离开大海。一天，它被渔夫打捞上来，高兴得在网里摇头摆尾，心想："这回可好啦！总算逃出了苦海，可以自由呼吸了。"乐得直蹦高……

它蹦得的确很高。当听到渔夫与他儿子议论着用什么方法将它烹饪的时候，它重重地摔了下来，很严重，它昏了。醒来时，发现自己竟仍在水中，在一口破旧的水缸里。原来是它那身漂亮的斑纹救了它。渔夫决定将它留下养着，少吃一条鱼实在无所谓，何况它是一条多么美丽的鱼哇！

鱼欢畅地游来游去，在那只破水缸里。缸很小，太小了，可它仍不停地游。一口水缸，和一条漂亮的鱼，快乐的鱼。

每天，渔夫总会往水缸里放些鱼虫。鱼很高兴，不停地晃动着身子，展示漂亮的服饰，讨渔夫欢喜。渔夫真的乐了，又撇下一大把鱼虫。鱼大口地吃着，累了则可以停下，打个盹。鱼儿开始庆幸自己的美妙命运，庆幸现在的生活，庆幸自己一身花衣。想到当初在海中，每天不得不自己出去寻找食物，还得时时提防大敌的突然袭击。那些朋友可能已几天没吃过东西，也可能已成了他人腹中之物。想到这，它大口咽下一群鱼虫，自言自语道："这才是生活。"

在它眼中，这分明是一条漂亮鱼应得的待遇。

日子一天一天地过，鱼儿一天一天的游，似乎有些厌倦，但再也不愿回到海里了。"我是一条漂亮鱼"，它总这么对自己说。

渔夫要出海了，这次可是出远海，十天半月才能回家。留下儿子一人。第一天，鱼没按时吃到鱼虫。第二天，依然没有吃的。它开始抱怨渔夫儿子这样怠慢一条漂亮鱼。第三天，它渐渐支持不住，饿得发慌。想到在海中，十天找不到食物，它依然行动敏捷，现在身子是发了福，只是游水的本领大不如前了。第四天，终于有吃的了，不是鱼虫，而是渔夫儿子吃剩的残羹。顾不上嫌弃，鱼大嚼起来。它实在饿得不行了。渔夫儿子总是隔三差五地送些残羹。鱼儿抱怨不停。

一天，消息传来，渔夫出海遇难了。渔夫儿子收拾了东西搬走了。什么都带上，就只忘了那条漂亮鱼。鱼在缸里大喊：“嗨！带上我，别丢下我！”没人理它。四周静悄悄，只剩下一口破水缸，一条漂亮鱼。

鱼很悲伤。想到昔日渔夫待它实在不薄，现在却遇难身亡，十分悲伤。想到自己今后，无人照料，困于水缸……鱼抱怨，抱怨水缸太小，抱怨伙食太差，抱怨渔夫儿子对它无礼，抱怨渔夫轻易出海，甚至抱怨它决意离开大海时伙伴们为何不加劝阻，抱怨它所认识的一切，只忘了抱怨它自己。

它又开始幻想。一个富商路过此处，发现一条漂亮鱼，于是把它小心地收好，养在家中的大水塘，每天都有可口的鱼虫……太阳升起来了，四周静悄悄，只剩下一口破水缸，一条漂亮的鱼，死鱼。

真的，很漂亮。

生活就是这样，你可以选择在属于你自己的空间里自由翱翔。任何爱慕虚荣，幻想在别人的世界里幸福的人，永远找不回自己真正的生活，也就将被生活的浪涛淘汰。

第二章

精心选择

决定你是什么的，不是你拥有的能力；而是你的选择。如何在我们人生的岔口做出明智的选择，是我们需要学习、领悟的人生智慧，也是一门艺术。学会选择、敢于选择、精细选择，将会使我们的生命更有意义。

生命倒计时

生命如同一张小小的磁卡,所不同的只是,我们常会忘了在我们大脑中也有个显示器,告诉我们有限的时光还剩多少。那年年减少的数字,会提醒我们来日不多,该做的事情得赶紧去做。

非洲有一个民族,用倒计时的办法记年龄,婴儿刚生下来不称一岁,而称六十岁,以后逐年倒退减少。人生大事都得在这六十年内完成,此后的岁月便颐养天年了。

这真是个绝妙的记岁方法。从某种意义上说,人生不过是我们从上苍手中借来的一段岁月而已,过一年还一岁,直至生命终止。可惜我们常常会产生这样一种错觉:日子长着呢! 于是,我们懒惰,我们懈怠,我们怯懦……无论做错什么,我们都可以原谅自己,因为来日方长,不管什么事都放到明天再说。

直到有一天,死亡的阴影笼罩着我们时,我们才会悚然大惊:糟了,总以为将来还长着呢,怎么死亡说来就来了!那些未尽的责任怎么办?那些未了的心愿怎么办?那些未实现的诺言怎么办……还能怎么办?面对死亡通告,人类只能踏上那条不归路。追悔也罢,遗憾也罢,那个早已写好的结局无人能更改。临终之前,也许人们会在模糊中想起"譬如朝露,去日苦多"(曹操《短歌行》)的感叹,想起"少壮不努力,老大徒伤悲"(《乐府诗集·长恨歌》)的教诲,可一切都悔之过晚矣。

此时让我们想想那个倒着计岁的非洲民族,他们的人生智慧真令人惊叹。生命既是借来的一段光阴,当然是过一天少一天了。而面对自己日渐减少的寿命,谁又能无动于衷呢?

生命倒计时是一个多么有必要的提醒。面对有限的时光,我们理应善加利用,将手中事物整理清楚,分出轻重缓急,再一一安排妥当。当我们的生命只剩下短短几年、几个月甚至几天时,有谁舍得将时光浪费在鸡毛蒜皮中,有谁舍得将精力花在流言飞语上? 如此宝贵的时光,只能用在重要的事情上。这样当预定的终点到达时,心中才不会有太多遗憾。

生命倒计时常让我想起电话磁卡。当我们将磁卡插入话机时,显示器立刻显示出卡中余额。随着时间的延长,卡中的余额不断减少。面对不断减少的数字，你会下意识的提醒自己：长话短说，别浪费钱。因为那些变化的数字如同一双眼睛提醒着你，最终让你三言两语就结束通话。

生命倒计时让我懂得，人生短暂，精力有限，我们必须精心地选择。只有如此，我们的人生才不会虚度。

选择决定人生

人生处处面临着选择，从某种程度上来说，人生的过程其实就是一系列的选择。当然，既然是选择，就有对有错，有得也有失。总的来说，好的选择往往能给人以无穷的人生动力，而不好的选择，则容易让人陷入自卑的泥沼。不过，下面这两个故事讲的却是选择对人生的另一种影响。

1960 年，哈佛大学的罗森塔尔博士曾在加州一所学校做过一个著名的实验。新学年开始时，罗森塔尔博士让校长把三位教师叫进办公室，对他们说："根据你们过去的教学表现，你们是本校最优秀的老师。因此，我们特意挑选了 100 名全校最聪明的学生组成三个班请你们来教。这些学生的智商比其他孩子都高，希望你们能让他们取得更好的成绩。"三位老师都高兴地表示一定尽力。

校长又叮嘱他们，对待这些孩子，要像平常一样，不要让孩子或孩子的家长知道他们是被特意挑选出来的，老师们都答应了。一年之后，这三个班的学生成绩果然排在整个学区的前列。这时，校长告诉了老师真相：这些学生并不是被刻意选出的最优秀的学生，只不过是随机抽调的普通的学生。老师们没想到会是这样，都认为自己的教学水平确实高。这时校长又告诉了他们另一个真相，那就是，他们也不是被特意挑选出的全校最优秀的教师，也不过是随机抽调的普通老师罢了。

读完这个故事后，你有何感想呢？可能很多人会觉得奇怪，为什么罗森塔尔博士的几句话能起到如此巨大的作用呢？其实很简单，因为人生在某种程度上正是自我选择的结果，博士的做法其实是对那些老师及学生的心理进行暗示，暗示他们是最好的。在这种心理的影响下，他们自然会取得成功。可以说，你选择什么，你就会成为什么，做事如此，处世亦如此。

你听说过坐在马路边的老人，分别被两位陌生人拜访的故事吗？

这位老人坐在一个小镇郊外的马路旁边。有一位陌生人开车来到这个小镇,看到了老人,他停车打开车门,询问老人:“这位老先生,请问这是什么城镇?住在这里的是哪种类型的居民?我正打算搬来居住呢!”

这位老人抬头看了一下陌生人,回答说:“你刚离开的那个小镇上的人们,是哪一种类型的人呢?”陌生人说:“我刚离开的那个小镇上住的都是一些不三不四的人。我们住在那里没有什么快乐可言,所以打算要搬来这里居住。”老人回答说:“先生,恐怕你要失望了,因为我们镇的人,也跟他们完全相像”。

不久之后,又有另一位陌生人向这位老人询问同样的问题:“这是哪一种类型的城镇呢?住在这里的是哪一种人呢?我正寻找一个城镇打算定居下来呢!”

老人又问他同样的问题:“你刚离开的那个小镇上的人们到底是哪一种类型的人?”

这位陌生人回答说:“喔!住在那里的都是非常好的人。我的太太和小孩子在那里度过了一段很好的时光,但我正在寻找一个比我以前居住的地方更有发展机会的小镇。我很不愿离开原来的小镇,但是我们不得不寻找更好的发展前途。”

老人说:“你很幸运,年轻人。居住在这里的人都是跟你们那里完全相同的人,你将会喜欢他们,他们也会喜欢你的。”

如果我们在寻找坏人,那么我们就真的会遇到坏人。如果我们在寻找好人,我们就一定会见到好人。不善于与人相处的人,到了哪里,都会认为别人难于相处;善于与人相处的人,见到任何人,都会与之相处融洽。

选择希望

1942 年寒冬,纳粹集中营内,一个孤独的男孩正从铁栏杆向外张望。恰好此时,一个女孩从集中营前经过。看得出,那女孩同样被男孩的出现所吸引。为了表达她内心的感情,她将一个红苹果扔进铁栏。一只象征生命、希望和爱情的红苹果。

男孩弯下腰拾起那个红苹果,一束光明照进了他那尘封已久的心田。第二天,男孩又到了铁栏边,尽管为自己的做法感到可笑和不可思议,但他还是倚栏杆而望，期盼她的到来。年轻的女孩同样渴望能再见到令她心醉不已的不幸身影。终于，她来了，手里拿着红苹果。

接下来的那天，寒风凛冽，雪花纷飞。两位年轻人仍然如期相约，通过那个红苹果在铁栏的两侧传递融融暖意。

这动人的情景持续了好几天。铁栏内外两颗年轻的心天天渴望重逢，即使只是一小会儿，即使只有几句话。

终于，铁栏会面潸然落幕。这一天，男孩眉头紧锁地对心爱的姑娘说："明天你就不用来了。他们将我转到另一个集中营里。"说完，他便转身离去，连回头再看一眼的勇气都没有。

从此以后，每当痛苦来临，女孩那恬静的身影便会出现在他的脑海中。她的明眸、她的关怀、她的红苹果，所有这些都在漫漫黑夜给他送去慰藉，带来温暖。战争中，他的家人惨遭杀害，他所认识的人无一幸免。唯有这女孩的音容笑貌留存心底，给予他生的希望。

1957 年在美国的某天，两位成年移民无意中坐到一起。"大战时你在何处？"女士问道。"那时我被关在德国的一座集中营里。"男士答道。

"哦！我曾向一位被关在德国集中营里的男孩递过苹果。"女士回忆道。

男士猛吃一惊，问道："那男孩是不是有一天曾对你说，明天你就不用再来了，他将被转移到另一个集中营去？"

"啊！是的。你是怎么知道的？"

男士盯着她的眼说："那就是我。"

好一阵沉默。

"从那时起，"男士说道，"我再也不想失去你。你愿意嫁给我吗？"

"愿意。"她说。

他们紧紧地拥抱在一起。

1996 年的情人节，在温弗利主持的一个向全美播出的节目中，故事的男主人公在现场向人们表达他对妻子 40 年忠贞不渝的爱：

"在纳粹集中营"，他说，"你的爱温暖了我。这些年来，是你的爱使我获得新生。可我现在仍如饥似渴，企盼你的爱能伴我到永远。"

“做大”的企业

一个人的精力是有限的，同样，一个企业的精力也是有限的。

我国很多企业做大以后，品牌延伸速度非常快，但是延伸到最后，效果并不佳。因为名牌是非常有局限性的，也就是说，名牌绝对不可能无限延伸。你在这方面是品牌，但离开你熟悉的领域就会一文不值。所以名牌只能在它熟悉的领域中成为品牌。

一些企业老板认为自己名气很大，干什么都行，实际上是不行的。所以品牌乱延伸会使很多企业蒙受巨大的无形资产损失。品牌延伸得好，获得的效益就高，像“乐百氏”从果奶向矿泉水延伸，第一年矿泉水销量即突破 4 个亿；像雅戈尔由衬衫向西装延伸，第一年西装销售超过一个亿，成为中国十大著名西装品牌之一。像这样的延伸是非常成功的，事半功倍。

有人研究发现有 95%的新产品进入市场，是通过品牌延伸来完成的。但哪些可延伸，哪些不可延伸，是特别需要关注的事情。往哪延伸是可行的，往哪延伸是不可行的，风险有多大，也要算出比例来，有承担风险的心理准备。所以品牌延伸目前是一个非常大的陷阱，做得不好，企业就会因此垮掉。我们现在有很多企业在搞多元化，这是非常危险的。

一个人的精力是有限的，一个企业的精力也是有限的，能做成一件事情，就非常了不起了。

须记住：企业成功前要抓住机会，企业成功后就要放弃机会。人们研究西方企业发现，成功企业当中单一化发展的企业大约占了 72%，多元化发展的企业占了 28%。28%的企业中有 14%是相关多元化，14%是非相关多元化。事实证明大部分企业只能做一点点事情。因此我们千万不要胃口太大，要舍得放弃，学会放弃，经得起诱惑。这是因为当你的企业成功以后，来找你的人都会说这个项目是如此如此赚钱，希望你能投资。那么如果你什么都投资的话，力量很分散，就像一棵树，分叉太多，树肯定长不好。尤其对中国现在的大企业来说，虽然是市场经济的主体，但竞争实力还不够强大，所以在这种情况之下，一定要把你的龙头做得非常成功之后，才能去考虑品牌延伸问题和多元化问题。

小事大业

无论大事小事，关键在于你的选择，只要选择对了，小事也能做成大事。

在我们的印象中，擦鞋绝对是一个难登大雅之堂的职业，如果有人以此为终生的事业，那他一定不会有多大出息。可实际上，我们却想错了。一个名叫源太郎的日本人就凭借擦鞋，成就了自己辉煌的人生。

多年前，身为化肥工厂工人的源太郎失业了。一个偶然的机会，他从一位美国军官那里学会了擦鞋，并很快就迷上了这个工作。只要听说哪里有好的擦鞋匠，他就千方百计地赶去请教、学习。

日子一天天的过去了，源太郎的技艺越来越精。他的擦鞋方法别具一格：不用鞋刷，而用木棉布绕在右手食指和中指上，鞋油也是自行调制的。那些早已失去光泽的旧皮鞋，经他匠心独运的一番擦拭，无不焕然一新，光可鉴人，而且光泽持久，可保持一周以上。更绝的是，凭着高深的职业素养，源太郎与人擦肩而过时，便能知道对方穿何种鞋；从鞋的磨损部位和程度，可以说出这人的健康和生活习惯。他的精湛技艺，打动了东京一家名叫“凯比特东急”的四星级饭店。他们将源太郎请到饭店，为饭店的顾客擦鞋。

令人惊讶的是，自从源太郎来到“凯比特东急”之后，演艺界的各路明星一到东京便非“凯比特东急”不住。一向苛刻挑剔的明星们对此情有独钟的原因非常简单，就是享受一下该店擦鞋的“五星级服务”。当穿着焕然一新的皮鞋翩然而去时，他们深深记下了“源太郎”这个名字。

源太郎炉火纯青的技术、一丝不苟的精神和非同凡响的效果，为他赢得了众多顾客的青睐。他的老主顾不止有来自东京东部、北海道的，甚至还有来自香港、新加坡等地的。在他简朴的工作室内，堆满了发往各地的速寄纸箱。如今的源太郎，早已成为“凯比特东急”的一块金字招牌。

源太郎的努力，为他自己创造出一份辉煌的业绩。事实上，只要我们用心去做，哪一件小事不能成就大业呢？

不要英雄主义

要实现理想，没有选择就不会有结果；要实现理想，没有放弃就不会有过程。理想是生命的动力，但过分执著就会变成一种生命的桎梏，你的生命也必将因此而倍感沉重，最后在不断失望的重负中萎缩、死亡。切记“平凡的即是伟大的”。一切伟大的事物都是在“平凡”的积累过程中诞生的。

有一天，一个国王独自到花园里散步，使他万分诧异的是，花园里所有的花草树木都枯萎了，园中一片荒凉。后来国王了解到，橡树由于没有松树那么高大挺拔，因此轻生厌世死了；松树因自己不能像葡萄那样结出许多果实，嫉妒而死；葡萄则哀叹自己终日匍匐在架子上，不能直立，不能像桃树那样开出美丽可爱的花朵，也哀伤死了；牵牛花病倒了，因为它叹息自己没有紫丁香那样芬芳。其余的花草树木也都是因为自己的平凡而垂头丧气，没精打采，只有最细小的心安草在茂盛地生长。

国王看了看这根渺小得几乎不能再渺小、平凡得几乎不能再平凡的心安草问道：“小小的心安草呀，别的植物全都枯萎了，为什么你却这么勇敢乐观，毫不沮丧呢？”

小草回答说：“国王啊，我一点也不灰心失望，因为我知道，如果国王您想要一株榕树，或者一株松柏、一些葡萄、一棵桃树、一株牵牛花、一棵紫丁香什么的，您就会叫园丁把它们种上，而我知道你希望于我的是要我做小小的安心草。”

也许你会认为，甘心做一棵“无人知道的小草”的想法过于消极。有些聪明能干、有远大抱负的年轻人总是瞧不起那些平凡过日子的人。他们认为这些人“没出息”、“微不足道”、“活得没意思”，而且当他们发现自己奋斗失败，无所作为时，面对和常人一样平淡无奇的生活时，他们就会觉得生活无聊透，因而生出了无尽的烦恼。

其实平凡中也含有一些伟大的道理。或者说是因为平凡所以伟大。荀子有这么一句话，大意是：没有大烦恼与灾祸的日子，就是天大的幸福。而古希腊的大哲人伊壁鸠鲁说得更经典：“幸福，就是身体的无痛苦和灵魂的无纷扰。”

男人的意义

做一个真正的男人难吗?不难。只要你懂得选择人生的尊严、操守、自尊、自信、正直,放弃那些迎合别人的无谓牺牲,那么你就拥有别人最真诚的敬意。腰杆直了,影子才能直。

一个国外城市公开招聘市长助理,条件必须是男人。每一个应考的人都理解,它所说的男人并不仅仅是从生理上界定,更深层上的意思是精神上的男人。

经过了多番文化和综合素质的角逐,有一部分人获得了参加最后一项特殊考试的权利,也是最关键的一项。那天,他们轮流去办公室应考,这最后一关的考官就是市长本人。

第一个男人走进来,只见他一头金发,熠熠闪光,精神饱满,高大魁梧,仪表堂堂。市长带他来到一个特别的房间,房间的地板上洒满了碎玻璃,尖锐锋利,望之令人心惊胆战。市长用万分威严的口气说:“脱下你的鞋子!将里面的桌子上的一份登记表取出来,填好给我!”男人毫不犹豫地将鞋子脱掉,踩着尖锐的碎玻璃取出登记表填好交给了市长。他强忍着钻心的痛,依然镇定自若,表情泰然地望着市长。市长指着一个大厅淡淡地说:“你可以去那里等候了。”男人非常激动。

市长带着第二个男人来到另一间特殊的屋子,屋子的门紧紧地关闭着。市长冷冷地说:“里边有一张桌子,桌子上有一张登记表,你进去将表取出来,填好交给我!”男人推门,门是锁着的。“用脑袋把门撞开!”市长命令道。男人不由分说就低头硬撞,一下、两下、三下……足足有半个小时,头破血流,门终于开了。他取出表认真地填好交给了市长,市长说:“你可以去大厅等候了。”男人非常高兴。

就这样,一个接一个,那些身强体壮的男人都用自己的意志和勇气证明了自己。市长表情有些沉重。他带着最后一个男人来到一个房间,指着站在房间里的一个瘦弱老人对男人说:“他手中有一张登记表,去把它拿过来填好交给我!不过他不会轻易给你的,你必须用你刚硬的铁拳将他打倒……”男人严肃的目光射向市长:“为什么?你得让我认为有足够的道理!”“不为什么,这是命令!”“你简直是个疯子,我凭什么打人家?何况是弱小的老人！”

市长又带他分别去了那个有碎玻璃的房间和紧锁着的房间，同样遭到了他的反对和拒绝。市长对他大发雷霆……

男人气愤得转身就走，却被市长叫住了。市长将这些应考的人都召集在一起，告诉他们只有最后一个男人考中了。那些伤筋动骨的人都捂着自己的伤口审视着被宣布考中的人，当发现他身上一点伤也没有时都惊愕得张大了嘴巴，非常不服气，异口同声地问："为什么？"

市长说："你们都不是真正的男人。"

"为什么？"

市长语重心长地说："真正的男人懂得反抗，是敢于为正义和真理献身的人，而不是选择唯命是从，做出没有道理的牺牲的人。"

磨难出珍品

一开始就享受的人和一开始就劳累奔波、千锤百炼的人最后的结局是：后者成了珍品，前者成了废料。

深山里有两块石头，第一块石头对第二块石头说："去经一经路途的艰险坎坷和世事的磕磕碰碰吧，能够搏一搏，也不枉来此世一遭。"

"不，何苦呢？"第二块石头嗤之以鼻，"安坐高处一览众山小，周围花团锦簇，谁会那么愚蠢地在享乐和磨难之间选择后者，再说那路途的艰险磨难会让我粉身碎骨的！"

于是，第一块石头随山溪滚涌而下，虽历尽了风雨和大自然的磨难，它依然义无反顾地在自己的路途上奔波。第二块石头讥讽地笑了。它在高山上享受着安逸和幸福，享受着周围花草簇拥的畅意舒怀，享受着盘古开天辟地时留下的那些美好的景观。

许多年以后，饱经风霜历尽尘世之千锤百炼的第一块石头和它的家族已经成了世间的珍品、石艺的奇葩，被千万人赞美称颂，享尽了人间的富贵荣华。第二块石头知道后，有些后悔当初。现在它想投入到世间风尘的洗礼中，然后得到像第一块石头拥有的成功和高贵。可是一想到要经历那么多的坎坷和磨难，甚至疮痍满目、伤痕累累，还有粉身碎骨的危险，它便又退缩了。

一天，人们为了更好地珍藏那石艺的奇葩，准备为它修建一座精美别致、气势雄伟的博物馆，建造材料全部用石头。于是，他们来到高山上，把第二块石头粉了身碎了骨，给第一块石头盖起了房子。

第一块石头，选择了艰难坎坷，放弃了享乐，所以它成了珍品，成了石艺的奇葩，只可惜第二块石头，最后落得粉身碎骨的下场。

一只美洲虎

一个没有对手的动物，一定是死气沉沉的动物；人也同样，一个没有对手的民族必定会成为一个不思进取的民族。

美洲虎是一种濒临灭绝的动物，现在世界上仅存 17 只，其中有一只生活在秘鲁的国家动物园里。

为了保护这只美洲虎，秘鲁人从大自然里单独圈出一块地来，让它自由的生存。参观过虎园的人都说，这儿真是虎的天堂。里面真山真水，山上花木葱茏，山下溪水潺潺。一千五百英亩的草地上，有成群的牛、羊、鹿、兔供老虎享用。然而奇怪的是，从没有人见过老虎捕捉它们，也没有人见过它威风凛凛地从山上冲下来。人们唯一见到的情景是它躺在装有空调的虎房里，吃了睡，睡了吃。

有些市民认为它太孤独了。你想，一只虎没有爱情，没有伴侣，怎么能有精神呢？于是大家自愿集资，通过外交渠道，与哥伦比亚和巴拉圭达成协议，定期从他们那儿租雌虎来陪他生活。

然而，这项人道主义之举并未带来多大的改观。那只老虎最多陪外来“女友”走出虎房，到阳光下站一站，不久就又回到它卧着的地方。人们不知道它还有什么不满足的地方。

一天，一位来参观的市民说：“它怎么能不懒洋洋的，虎是林中之王，你们放一群只知道吃草的小动物，能提起它的兴趣吗？这么大的一个老虎在保护区，你们不放两只狼，至少也得放一只鬣狗吧。”人们听他说得有道理，就捉了三只美洲豹投进虎园。

这一招果然灵验。自从那三只豹子进了虎园，美洲虎再也没回过虎房。它不是站在山顶长啸，就是冲下山来，在草地上游荡。它不再睡觉，不再吃管理员送来的肉。没多久，它还让巴拉圭的一只雌虎下了一只小虎崽。

变强的弱者

在强者面前懂得放弃的人，表面上是弱者，其实是真正的强者，因为他学会了正确地选择。

《动物世界》中有一个场景：

一群迁徙的野牛在行进途中，突遭数只猎豹的袭击。刚才还是悠然自得的牛群顿时像炸了窝的马蜂，惊慌地四处奔逃，躲避着猎豹，逃脱着死亡。一只只野牛在奔逃中被扑倒，没有搏斗，挣扎也是那样有气无力，只是哀鸣了一声，即成了猎豹的食物。就在我们为这野牛大叫惋惜时，一只看似弱小的野牛，快被猎豹追上了。就在刹那，小野牛突然停止，全身奋力后坐，努力将身体重心后移，奔跑的四蹄成了四条铁杠，随即身体周围腾起一股浓浓的尘土，如同爆响的炸弹掀起的烟浪。急停下来的小牛，不但没有被猎豹吓倒，反而转过身来，愤怒地沉下头顶着一双牛角猛地冲向猎豹。那只不可一世的猎豹，还没有看清楚眼前发生的一切，就被尖角抵住了身体扎进了肚子，被高高的拥起，抛向空中。顿时，情况急转直下，奔逃的野牛们还在拼命地奔逃，而制造死亡的其他猎豹却惊呆了，先是顿立，继而掉头逃走。

被猎豹追捕，多么惊恐万分；面临死亡回首痛击，又是多么壮烈伟岸。野牛是动物世界中身体强壮却胆小的群体，又是一种生存中求实惠缺乏灵性的动物。在突如其来的灾祸面前，他们唯一的选择就是逃跑，而逃跑路线又是那么的单一，不管前面是沼泽、丛林，还是大山、断臂，一个劲地往前冲。因为跑的是一条直线，所以往往成了猎豹最好的捕捉品。而一旦被捉住，只有任其猎杀。自然的本能，拙劣的求生，悲惨的结局往往贯穿了野牛的一生，但不知道为什么只有那只小野牛不像它的同伴那样以奔逃求生，而选择回首痛击，战胜死亡。

生活困难多于幸福，人生磨难多于享乐。面对困难和死亡，人不应该在困难中倒下，要努力在死亡中挺起，哪怕是不可抗拒的天灾人祸，哪怕你虚弱得奄奄一息。要时刻记住：弱者回首就变强。

你手里有支笔，怕什么？

人在穷苦困难的时候，只会活出两种结果：要么就此消沉灭亡，要么激发心灵，奋勇而起。到底怎样？一切由你自己定。看清自己的长处，找准方向，你定会走出困境。26 岁的汪曾祺从西南联大毕业后，只身来到上海，打算单枪匹马闯天下。在一间简陋的旅馆住下后，他就开始四处找工作。工作显然不好找，他便每天在胳肢窝里夹本外国小说上街。走累了，他就找条石凳，点燃一支烟，有滋有味地吸着，同时，打开夹了一路的书，细心阅读起来。有时书读得上瘾了，干脆把找工作的事抛到一边，一门心思地扑在小说上。

日子越拖越久，兜里的大洋越来越少，能找的熟人都找了，能尝试的路子都尝试过了，还是一无所获。终于，有一天下午，一股海涛般的狂躁顷刻间吞噬了他！他一反往日的温文尔雅，像一头暴怒不已的狮子，拼命地吼叫。他摔碎了旅馆里的茶壶、茶杯，烧毁了写了一半的手稿和书，然后给远在北京的沈从文先生写了一封诀别信。信邮走后，他拎着一瓶老酒来到大街上。他边迷迷糊糊地喝酒，边思考一种最佳的自杀方式。他一口口对着嘴巴猛灌烧酒，内心涌动着生不逢时的苍凉……晚上，几个相熟的朋友找到他，他已趴倒街侧一隅醉昏了。

还没有从自杀情结中解脱出来的汪曾祺很快就接到了沈先生的回信。沈先生在信中把他臭骂了一顿，说："为了一时的困难，就这样哭哭啼啼地，甚至想到要自杀，真是没出息！你手里有一支笔，怕什么！"

沈先生在信中谈了他初来北京的遭遇。那时沈先生才刚刚二十岁，在北京举目无亲，连标点符号都不会用，就梦想着用一支笔闯天下。但只读过小学的沈先生最终成功了，成为国内外享有盛誉的大作家。读着沈先生的信，回味着与沈先生的往事和话语，汪曾祺先是如遭棒喝，后来一个人偷偷地乐了。

不久，在沈先生的推荐下，《文艺复兴》杂志发表了汪曾祺的两篇小说。后来，汪曾祺进了上海一家民办学校，当上了一名中学教师。再后来，他也和沈先生一样，成了国内外享有盛誉的作家。

书房的生命

书房的生命是靠主人的选择赋予的。只有当你真正和书相爱了，你的书房才有可能有生命。

有一个爱慕虚荣的女子，在二十年前大学生很吃香的年头，如愿嫁给了一个文科的大学生，并且还颇以自己的书生夫婿为荣。但随着时间的流逝，眼看别人的夫婿纷纷成了大款或是大官，而自己的夫婿依旧是一介书生，渐渐心生怨恨，经常数落夫婿没用，说那些破书有什么用。后来她扬言要烧掉那些书，夫婿闻之，严厉地警告她说："你若烧了我的书，就等于是杀害我的生命！"结果有一天，这女子真的烧了夫婿的书，于是这位夫婿义无反顾地提出离婚。众亲友都来做工作，欲使他们重修旧好，但书生说："我对她说过烧书就等于杀我，而她竟真的烧书，那我们之间还有什么感情可言？"这个故事的结局非常凄惨：那书生郁郁寡欢，中年病逝，走完了他爱书的一生。也许有人会笑他太痴情，但就是这份痴情，终不失为凄美。

那些曾经真诚地爱过书，但是后来陷入名利场中难以自拔的人，他们早年简陋的书房可能曾经是生机勃勃，但是如今的书房则已经沦为伪文化的装饰品。功成名就之后，他们的书房已经是富丽堂皇，里面塞满了别人赠送的豪华精装本。他们当然还会时不时地将书房向访客夸耀一番，但那样的书房已经没有生命了。天下的事太难说，也太可笑。故事中的书生不懂得去放弃，所以失去了生命，而装饰书房的伪君子不懂得选择，让书房没了生命。

永不休息的鬼

别以为不停的工作是一种成功的前兆，是一种人生的优点。其实，工作与休息是相得益彰的，而且工作的同时还需要有时间思考。

一个过路的人大起胆子去问一个卖鬼的外乡人："你的鬼，一只卖多少钱？"

外乡人说:“一只要二百两黄金！”

“你这是什么鬼？要这么贵！”

外乡人说:“我这鬼很稀有的。它是只巧鬼。只要主人吩咐的事情,全都会做,并且很会工作,一天的工作量抵得一百人。你买回去只要很短的时间,不但可以赚回两百两黄金,还可以成为富翁呀！”

过路的人感到疑惑:“这只鬼既然这么好,你为什么不自己使用呢？”

外乡人说:“不瞒你说,这鬼万般皆好,唯一的缺点是,只要一开始工作,就永远不会停止。因为鬼不像人,是不需要睡觉休息的,所以你要24小时,从早到晚把所有的事吩咐好,不可以让它空闲。只要一有空闲,它就会完全按照它自己的意思工作。我自己家里的活儿有限, 不敢使用这只鬼,才想把它卖给更需要的人！”

过路的人想自己的田地广大,家里有忙不完的事,就说:“这哪里是缺点,实在是最大的优点呀！”于是他花了两百两黄金把鬼买回家,成了鬼的主人。主人叫鬼种田,没想到一大片地,两天它就种完了。主人叫鬼盖房子,没想到三天它就盖好了。主人叫鬼做木工装潢,没想到房子半天就装潢好了。整地、搬运、挑担、舂磨、炊煮、纺织,不论做什么,鬼都会做,而且做得又快又好。短短一年,主人就成了大富翁。

但是,主人和鬼变得一样忙碌,鬼是做个不停,主人是想个不停。他劳心费神地苦思一个接一个的指令。每当他想到一个困难的工作,例如在一个核桃核里刻十艘小舟,或在象牙球里刻九个小象牙球,他都欢喜不已,以为鬼要做很久才会做好。没想到,不论多么困难的事,鬼总是很快就做好了。

有一天,主人实在撑不住了,累倒了,忘记吩咐鬼要做什么事。

鬼把主人的房子拆了,将地整平,把牛羊牲畜都杀了,一只一只地埋在田里。将财宝、衣服全部舂碎,磨成粉末。再把主人的孩子杀了,丢到锅里炊煮……

正当鬼忙得不可开交时,主人从睡梦中惊醒,发现一切都没有了。原来,永远不停地工作,真是最大的缺点呀！

人的一生要懂得工作也要懂得休息,否则非累死不可。

选择富翁的生活

法国一家报纸进行了一次有奖智力竞赛,其中有这样一个题目:如果法国最大的博物馆卢浮宫失火了,情况只允许救一幅画,那么应救哪一幅?

结果在该报收到的成千上万回答中,法国著名作家贝尔纳以最佳答案获得该题的奖金。他的回答是:“我救离出口最近的那幅画。”

成功的最佳目标不是最有价值的那个,而是最有可能实现的那个。每一个人在他的生命中都会面临着各式各样的选择。如何选择也就决定你能否成功。

而最好的选择,要的是一种独特的眼光。选择其实就是一个“放”与“取”的过程。该放什么、该取什么,说到底是一种人生艺术。有时,你不放弃的那个看起来价值最大,所以你就不可能选择那个最有可能实现的。所以说,放弃先于选择。

不过,值得注意的是,你所放弃的真的是你想要放弃的吗?

东晋大书法家王羲之去杭州访友,经过苏州时不幸病倒,看病吃药,在客店里住了一个多月,等病差不多治好了,随身带的银子也花光了。离杭州还有不少的路,没有路费怎么办呢?

王羲之忽然有了个主意。他想起刚到苏州时,见十字街头一家当铺门前招牌上的“当”字写得很不像样,而且相当破旧,何不写个“当”字赚点路费呢?他想到这里,立即提笔在纸上写了一个斗大的“当”字,吩咐书童把它送到那家当铺里当了,当价要30两银子,多一钱不要,少一钱不当。

当铺掌柜听王羲之的书童如此这般一说,十分惊异。当铺当东西,可没有当一个字的,何况这个字又是“当”。转念一想,这个“当”字比他门口招牌上的那个“当”强多啦,用它来换招牌上的字倒也不错。

主意拿定,当铺掌柜便问书童:“究竟要多少当价呀?”

书童回答说:“我家主人说要30两银子,多一钱不要,少一钱不当。”

掌柜说:“哈!口气还挺硬。这字虽说写得不错,但带有病态,不值30两银子,你还是拿走吧!”

书童回去后把掌柜的话向王羲之这么一说,王羲之一气之下又写了一个斗大的"当"字，随后又吩咐书童拿去试试。

掌柜接过书童第二次送来的"当"，端详了老半天，说："嗯，不错。这个'当'字写得比上一个有力，只是带着怒气。我收下了，就给你30两银子吧！"

王羲之主仆二人有了路费，起身赶路，不几天就到了杭州。碰巧王羲之的朋友有个亲戚新开一个当铺，求王羲之给他写个"当"字作招牌。

王羲之说："前几日我写好的一个'当'字典当在苏州十字街口的当铺里，你去把它赎回来吧。"

那人拿着当票赶到苏州，找到了那家当铺开口就说："掌柜的，我要回当。"

掌柜问："回什么当？"

"回'当'当。这是当票。"那人答道。

掌柜接过当票一看，原来这人是回那个"当"字，随口问道："你从哪儿弄到的当票？"

"在杭州的一个朋友那儿得到的。"

"怎么，你是从杭州专程赶来回'当'字的？"掌柜问。

"是的，快算账吧，我还急着赶回去呢。"那人急切地说，看样子，他真是急着要赶路。

掌柜认为来人的愚蠢近乎迂腐，竟然跑几百里地花银子回当一个字，便想从中捞一把。于是他一拨算盘珠子，说："连本带利共40两银子，一手交钱，一手交货。"

谁知那人二话没说，付了银子，接过那个"当"字，非常爱惜地卷起来放进褡裢里。

掌柜见状，不由得好奇地问了句："你如此看重这个字，不知它出自何人之手？"

那人答道："这出自大书法家王羲之的手笔。"

掌柜听后似乎不大相信，又追问了一句："此话当真？"

那人急了，说："你真是瞎了眼！有眼不识金香玉！"

掌柜后悔不已，直拍大腿，随后看着那人远去的背影无奈地摇了摇头。

当铺掌柜的遭遇的确让人惋惜。它告诉我们，如果你没有一双发现机遇的眼睛，那么，即使天大的机遇来到了你的面前，你也会与之擦肩而过。生活中类似的事情很多。有些东西，你想找的时候怎么也找不着，不想找的时候，它自己就会来到跟前。在身边的时候不知道珍惜，一旦失去了才知道它的珍贵。为什么有些人总是在失去之后才会后悔？为什么总觉得别人的东西是最好的呢？为什么得不到的东西最能吸引人？

其实，即使你现在真的感觉自己一无所有，换一个角度看看，你也许会发现自己竟然是个很富有的人。

转行

“宁可收入减少，也要转投他行”这样的建议的确不讨人喜欢，但在职场中发展犹如爬树一样，当发现自己所攀缘的枝干已经腐朽时，唯一可做的事就是，退下来，换一个方向继续爬。

行业转换是不可避免的。世界经济正在飞速发展，新的行业模式及新的职位不断出现，谁也无法保证十年之后自己不换工作。在这种情况下，一个人需要不断掌握新的工作技能，以适应新的工作机会，这其中当然要付出相应的代价。问题的关键是这一代价是多少以及是否值得。

让一个人放弃他(她)所熟悉甚至已有成就的领域而转投他行确实不易。不但要从头学起，从头干起，而且还要承担经济上的损失和精神上的压力，但如果将这些都看做是投资的话，整个事情就变得相对简单：你并不是在换工作，而是在对一新领域进行投资。

在转换行业时，就像另选树干，还有一个退下来的过程。在这一过程中，收入的减少和职位的降低很难避免，但只要选的方向正确，这些都只是暂时的，超越旧有职位与薪水只是时间问题。所谓退一进二，即是此意。

在旧有树干上爬得越高的人，退下来转爬新树干的难度也就越大。一个人不管在旧树干上爬得多高或多低，只要他认为转换方向是必然，就千万不能犹豫，等待、观望的时间越长，所付出的代价也就越大。相反，越是及时做出反应，其相应代价的可控制程度也就越高。

学会放弃，还应该舍得放弃求而不得的事物。追求目标的过程中，发现尽力而为之后此事依然与自己无缘，就应该潇洒地放弃，另辟道路，使自己的生命另有价值。树挪死，人挪活。挪挪窝儿是以退为进，避免人生中的死胡同，寻觅欢乐的人生之道。

气质人生

要摆正挑战与机遇的关系，首先需要考虑到个性、气质与兴趣，只有根据每个人特有的个性去设计人生，才能叩开机遇之门，踏入幸福之境。

个性是一个人带有倾向性的稳定的心理特征的总称。从广义讲，个性包括个人倾向、性格、智能、自我协调性等方面的内容。个性心理特征包括人们处理各种事情的能力、热情或性格等。个性直接影响着人们捕捉机遇、创造机会的能力。个性因素的差异以及个性与特定环境的协调状况是造成事业成败、命运好坏与否的一个重要因素。

个性倾向直接影响人们的注意力。“入迷”是一种特殊的注意现象，是取得科学成就及事业成功的重要因素之一。蒲松龄说：“书痴者文必工，艺痴者技必良。”机遇的捕捉与特殊注意力是分不开的，这在科学活动中表现得最为突出。琴纳创立了“免疫学”，是因为他注意到挤牛奶的妇女不得天花这一现象；牛顿发现了万有引力定律，是因为他注意到了苹果落地的现象……

好奇心是与注意力有关的一种重要心理现象。贝弗里奇曾说：“科学家的好奇心通常表现为探索他所注意到的，但尚无令人满意解释的事物或其相互关系的认识。”科学家通常具有一种愿望，要去寻找其间并无明显联系的大量资料背后的那些原理。热衷于研究工作的学者往往具有超乎常人的好奇心。

好奇常常是科学课题提出的媒介，是科学发现的动力之一和捕捉机遇的重要途径。一般来说，好奇心重要的一条特征就是不满足现状，要敢于从对现状的不满中提出疑问，要善于张开思维的翅膀，在未知的领域里飞翔。

气质在捕捉机遇的过程中具有不可忽视的作用。气质是人们典型而稳定的心理特征，主要表现为一个人情绪体验中的强度、速度，以及动作反应的敏捷性等。性情和脾气是气质的集中反映。

人的气质具有较大的差异性，而气质的差异又决定着人们在日常行为中所表现出来的性情和灵敏度等方面必然存在一定的差异，影响着个人所宜于捕捉机遇的类型。气质对于人们的行业与职业选择、机遇的捕捉等都有重要影响。人们应该根据各自的气质正确地面对挑战，谋求适宜的职业与人生环境，以从中获取各种最能发挥个人气质特点的良机，实现幸福。

一般来讲，胆汁质型的人直率、热忱，性格外向且精力充沛，适宜于从事教育、社交等工作，比较容易在推销、企业管理、公共关系等工作中得到机遇，取得成功。同时，由于胆汁质型的人神经活动的兴奋性很高，思维机敏灵活，动作反应迅速，这类人在侦察以及自然科学领域也较容易捕捉良好的机遇，获得成功。在气质上明显属于胆汁质型的人，一般不宜于做微循环手术、精密仪器等方面的工作，因为这种气质的人对这类职业会感到难以适从，捕捉不到成功的机遇。

多血质型的人活泼好动，敏感而反应迅速，情感外向。这类人喜欢与人交往，好结交，对新环境的适应性较强，有“四海为家”的生活习性。这类人可能成为企业家、自然科学家和社会活动家，适宜于搞自动化操作、打字和商品推销等工作。

黏液质型的人心境比较安静、稳定，坚持性与耐力好，适宜于选择那些需要耐心与稳定情绪的职业与环境，如科学研究、微电子技术、外科手术、仪器检修等。

抑郁质型的人善于洞察秋毫，情绪体验深刻，做事细心、谨慎，却多愁善感，遇事优柔寡断，性情孤僻，行动反应迟缓。这类人宜于进行诗歌、小说的创作，从事那些需要谨慎、细心的职业。由于抑郁质型的人态度内向，以自我作为行动的出发点，行为特征表现为静态、主观与理想化，因而在行动上常会产生一些主观随意，固守着一种浪漫主义的行动逻辑。这种人可以成为小说家、思想家与哲学家，适宜做一些需要安心、细心和耐心的工作，如写作、维修、会计、审计、信息处理等。

当然，大部分人所具有的都是一种混合型气质。但各个不同气质类型的人都有与各自特征相适应的职业与环境，因此，人们应当根据自己的气质类型选择适合的职业与环境。这样就更能捕捉到较多的机遇，取得事业的成功和生活的幸福。

总之，人们为了在挑战面前更好地抓住机遇，就应根据个人的气质选择适合的职业与环境，这样才有利于最大限度地发挥自己的才智和能力，成就辉煌的业绩。人们如果硬要选择并从事与自己气质相抵触的职业和工作，只能体尝到痛苦与煎熬，觉得心有余而力不足，无法取得满意的业绩，个人幸福也会受到影响。因此，在挑战与机遇面前，人们必须三思，必须检测一下自己的气质，以便获取更多的机遇，得到最大幸福。

自己的窗户

有个太太多年来不断抱怨对面邻居的太太太懒惰："那个女人的衣服永远洗不干净。看，她晾在院子里的衣服，总是有斑点。我真的不知道，她怎么会把衣服洗成那个样子？"

直到有一天，有个细心的朋友到她家，才发现不是对面的太太衣服洗不干净。朋友拿了一块抹布，把这个太太家窗户上的污渍抹掉，说："看，这不就干净了吗？"

原来，是自己家里的窗户脏了。

每一个人都曾经遇过不少愤世嫉俗的人，或者，你也有过一些看什么都不顺眼、永远觉得命运对自己不公平的朋友。但在倾听他们的怨言之后，你会发现有句老话说得很妙：可恨之人，必有可恨之处。

看到外面的问题，总比看到自己内在的问题容易些；而把错误归咎给别人，也比检讨自己容易（检讨自己和责怪自己，又是两回事了）。于是，愤世嫉俗的人常从年轻愤怒到老，遇上有人过得比自己好都会觉得不舒服，斜视久了的眼睛看什么都不顺眼。

最近在网络上看到一则新办公室守则，应该也是一位愤世嫉俗的上班族写的，全文如下：

苦干实干，做给天看；东混西混，一帆风顺

任劳任怨，永难如愿；会捧会现，杰出贡献

负责尽职，必遭指难；推托栽赃，宏图大展

全力以赴，升迁耽误；会钻会溜，考绩特优

频频建功，打入冷宫；互踢皮球，前途加油

奉公守法，做牛做马；逢迎拍马，升官发达

他的写法可能让不少人觉得"大快人心"。

没错，上班难免会受点委屈，看老板脸色也是必然的事情。但除了泄点恨之外，他所写的未必是实情。在过去的某些公家机关，也许真的有“少做少错，多做多错”的现象，但是在这个连公家机关都必须讲究效率、公营单位也要自负盈亏的时代，能够只靠推托拍马升官的人毕竟有限。

发泄一下没关系，但如果你一味地认为这个世界到处都是黑暗，没有一丝光明，只拿愤世嫉俗来替代反省自己的机会，对自己的成长是一种最大的耽误。

新办公室守则，写得有些偏激，可以想见这些上班族一定也有很不受欢迎的偏激性格。换个角度想想，如果你是老板，你会想要付薪水给这样的属下吗？

一个背向太阳的人，只会看见自己的阴影，连别人看你，也只会看见你脸上阴黑一片。人的眼睛仿佛傻瓜相机，最怕背光照人相了，因为你的脸庞再美，只要背着光，一定是件失败的作品啊！

圆融的妙处

老李在公司服务将近二十年了，是一步一个脚印才爬升到目前主管职位的。新进员工个个学历傲人，不是硕士就是博士，薪水领得多，职位也比他高，但是做起事来，可不见得比他们这些“资深”员工行。老李不服气，不知不觉地以“资深”自居，总是问：“是你该配合我？还是我该配合你？”结果老朋友、新朋友一个个远离他，使他的人缘降到最低点，工作推展也越发力不从心。

“是别人该配合我？还是我得配合别人？”如果这句话是你在职场上的口头禅，那么请你也看看下面这一则故事。

曾被誉为全世界最伟大的矿冶工程师赫蒙，毕业于耶鲁大学，又在德国福莱堡修完硕士学位，回美国找了一份工作，遇到一位没有学历又不相信文凭的大矿主赫斯特。大矿主对赫蒙说：“我不想录用你，是因为你是硕士，脑袋里只装满了一大堆没用的理论。我可不需要文绉绉的工程师。”

赫蒙贴近大矿主，说：“倘若你答应不告诉我父亲的话，有个秘密我想告诉你。”大矿主点头，赫蒙一本正经地说：“其实我在德国什么也没学到，只是在那里鬼混了三年。”大矿主笑嘻嘻地说：“好！很好！你明天就来上班吧！”

人缘就是在这种“万事互相效应”中产生的。中年朋友喜欢送贵重礼物换交情，这是短期存款，甚至可能只是即期存款。想拥有新员工、老同事的永远人缘，还是请切实把握以下的“五不”原则吧！

1. 依老不卖老。
2. 弹性不固执。
3. 幽默不伤人。
4. 关心不冷漠。
5. 真诚不矫情。

有位心理学家还列出一张人际关系自省表：

1. 此人不在，万事皆休。
2. 此人在比较好。
3. 此人在与不在都无关紧要。
4. 此人不在比较好。
5. 此人消失更好。

你的人缘处于第几位呢？换个角度看，其实谁配合谁都无所谓，处事圆融最重要，因为“人缘”将是你的养老基金！

一念之差

从前有一个叫刘海月的人，请教他的老师白云大师。他说：“我的念头一大堆，要把它降伏很困难，请问老师该怎么办？”他的老师问道：“谁有念头呀？”他说：“弟子呀！”又问：“谁降伏呀？”他想一想答：“弟子。”于是他老师就骂道：“来去都由你闹，好没主宰呀！你若敌它不过，你就放下。不过请问放下的是谁？还是你！”

世界上最好的朋友是自己，最大的敌人也是自己。假如你想发愤图强，别人对你无可奈何！假如你自甘堕落，别人也对你无可奈何！假如我们把一根针往海里丢，即使动员了几千万人，也未必能捞回这一根针。所以，一个人如真想自杀，谁都救不了他。

有一个笑话，说从前有一个人，他想自杀，就投河去了。当他投河的时候，警察正路过那里警告道：“这里明明写着禁止游泳，你怎么下去了？”那个人马上提出抗议说：“不！我是来自杀的。”警察马上给他第二次警告说：“你再不上来，我就用枪打死你！”那人马上举起双手说：“起来！起来！”你看，这说明他还不是真的想自杀，只是心里痛苦而已。

所以人类最大的敌人就是自己，最好的朋友也是自己。平常我们可以找到很多伴侣，但是，有时候却要独来独往。人至少有两个时候是要独来独往的：一个是生来，一个是死去。我们来的时候总是独个儿来，我们走的时候也要独个儿走，就是夫妻也是如此，没有例外。

古人讲：“万法由心生。”这个世界是“心”的世界。举个例子，假如你是一位母亲，你的孩子走失了，这时刚好大雨倾盆、雷电交加，哪一种声音最能引起你的注意？应该是小孩子的哭声。小孩的哭声虽不能跟交加的雷电声比，但能引起我们的注意，为什么？因为心在这，心很重要。

有时同样的现象，因你的心不同，也会有两类的判断。鸟语花香应该是感人肺腑，扣人心弦的。但当一个人感伤的时候，看到花就会掉泪；经历离别之恨的时候，听到鸟叫就会心惊胆战。所以在杜甫《春望》中有：“感时花溅泪，恨别鸟惊心。”“感”字的下面是“心”，恨字的旁边也是“心”。

周瑜就是被诸葛亮气死的，死的时候还说：“既生瑜，何生亮？”后来听说诸葛亮要以同样方法气司马懿，但司马懿不被气，诸葛亮反而被自己给气死了。一念之差就有天壤之别。

你和一位朋友擦身而过，你对他点头，他没有还礼，你作何感想？有人耿耿于怀，有人淡然处之，说他近视眼，算了，转念就过了；有人会说，他呀！不知在想什么，心不在焉，所以视而不见，转念也就过了；有人就愈想愈气，干吗他怎能那样的傲，我怎么那样的倒霉？后来就想了好多，他学问好、名位高、财富多……其实人家只是近视眼。天堂与地狱，都只在一念之间。

假如一个人有使自己快乐、幸福的念头，这个人必然具有高度的智能。一个人假如经常使自己产生那种不幸、痛苦、悲哀的念头，这个人必然愚不可及。迎向光明，就可把阴影抛到脑后，你就可享受呈现在面前的一大片光明！所以，一个人要经常想起那些快乐幸福的念头。

一个人每天早上起床前，对自己讲：“我得天独厚，我太幸福了，我什么都有了，我有最好的祖先、最好的父母、最好的妻子、最好的儿女、最好的亲友、无限的爱心、永恒的毅力……”凡是好的都往身上揽就对了，这样就会有好的心情和状态。

心理学家弗洛伊德曾经讲过，影响人的行为有三种意识：一个叫做前意识，一个叫意识，一个叫潜意识。前意识和意识只能影响5%，而潜意识高达95%。潜意识对一个人的影响最大。说人在睡觉时意识已经休息了，而潜意识刚好活跃起来。这就说明了，自我暗示对一个人能产生很大的影响。

学会接纳自己

我们很容易看到别人的优点。像某人很漂亮啦，工作能力很强啦，人缘很好啦，但我们很少能看到自己的长处及自己的价值。这也许是一种传统教育下过度谦虚的表现，因为要严于律己，所以对自己的要求与批评就很多，期望也就过高，常常造成否定自己的心态，认为自己很多地方都不够好，久而久之，就产生了自卑感，失去了自信心，认为自己的存在没什么价值，因而活得非常消沉，甚至厌世。有鉴于此，美国的赫里丝女士，发起了一个叫做蓝色缎带的运动，希望能在2000年，每一个美国人都能拿到一条她设计的蓝色缎带，上面写着："I am make a difference"，也就是我可以为这个世界创造一些价值的意思。她处处散发这样的缎带，鼓励大家把缎带送给家人和朋友，感谢这些在我们四周的人。她也四处演讲，强调每个人的价值。因为这些缎带的传送，引发了许多感人的故事，也改变了许多人的生命。

其中有一个故事发人深省：有一次赫里丝女士给了一个朋友三条缎带，希望他能送给别人。这位朋友送了一条给他不苟言笑、事事挑剔的上司。他认为由于上司的严厉使他多学到许多东西。另外他还多给了一条缎带给上司，希望他能拿去送给另外一个影响他生命的人。

他的上司非常惊讶，因为所有的员工对他一向是敬而远之。他知道自己的人缘很差，没想到还有人会感念他严苛的态度，把它当做是正面的影响而向他致谢，这使他的心顿时柔软起来。

这个上司一个下午都若有所思地坐在办公室里，而后他提早下班回家，把那条缎带给了他正值青少年期的儿子。他们父子关系一向不好。平时他忙着公务，不太顾家，对儿子也只有责备，很少赞赏。那天他怀着一颗歉疚的心，把缎带给了儿子，同时为自己一向的态度道歉。他告诉儿子，其实他的存在带给他这个父亲无限的喜悦与骄傲，尽管他从未称赞他，也少有时间与他相处，但是他是十分爱他的，也以他为荣。

当他说完了这些话，儿子竟然号啕大哭。他对父亲说，他以为他父亲一点也不在乎他，他觉得人生一点价值都没有，他不喜欢自己，恨自己不能讨父亲的欢心，正准备以自杀来结束痛苦的一生，没想到父亲的一番言语，打开了心结，也救了他一条性命。这位父亲吓出了一身冷汗，自己差点失去了独子而不自知。从此改变了自己的态度，调整了生活的重心，也重建了亲子关系，加强了儿子对自己的信心。就这样，整个家庭因为一条小小的缎带而彻底改变。

蓝色的缎带为什么有这么大的魔力？因为它是一个提醒，提醒我们看到自己的价值。提醒我们要接受自己、关爱自己。我们是可以创造奇迹的人，不论我们是谁，都有这样的能力。也只有如此，我们才能看到这世界的美好、光明的一面，也才能生活得愉快，真正地去爱，去创造生命。

63 接受生命的障碍

全面接受生命给你的幸福，蔑视生命旅途中的一切障碍。

在一次公开的空手道表演赛中，黑带高手以七段的实力，用手劈开十余块叠在一起的实心木板，赢得观众热烈的喝彩声。

表演结束后，一位好奇的小男孩到后台找这位空手道高手，请教他是如何做到的。

空手道高手将十余块木板叠了起来，亲切地搭着男孩的肩头，问他：“如果你想劈开这叠木板，你的着力点会放在木板的哪里？”

小男孩指着木板的中心部分说：“这里，我想一定要打在中心点。”

空手道高手笑道：“也对，木板架高时的中心点，的确是最脆弱的部分。不过，如果你将着力点放在最上面这块木板的中心，当你的掌击中那一点时，将遭受同等力量的反击，它将令你的手掌迅速反弹且疼痛不已。”

小男孩不解地问：“那究竟该把注意力放在木板的哪个部分？”

空手道高手指着最下面那块木板的下方说：“这里，把你所有的注意力及着力点放在整叠木板的下方某一点。当您的注意力只看到木板的下方时,由上而下砍劈的手掌就能轻易地通过每一块木板,直达到你心里所想定的那一点。”说着,空手道高手右手一扬,又劈开了那叠木板。

空手道高手的一席话,实是对于实现梦想、达成目标的最佳启示。

一般人之所以不成功,正是因为他们永远将注意力放在木板的最上方。于是眼中见到的只有困难、挫折、不可能等,种种阻碍横在他们的意识中。并非他们不能成功,而是他们将注意力定在自己所不想要的东西之上。

成功者和一般人的差别在于,他将眼光放在整叠木板的下方那一点。成功者只看到他们想要的目标,并不在乎自己是否具备足够的能力去达成。当他们真正想要达到那个目标时,便会引导自己通过学习而获得足够的能力,然后穿过所有的障碍,正如手掌通过木板一般,成功地达到目标所在。

停止再将意念的能量消耗在你忧虑的事情上。用心地、认真地将注意力凝聚力在你真正想要的目标上。然后,马上行动,通过你不断地努力工作,就能达成你的目标。

正视自己的缺陷

人性中充满美好。善良的一面是我们常常能够看到的,但也有充满欺诈、欺骗等黑暗的一面。而你的性格缺陷,却往往被人利用。你同时也要防止利用他人的性格缺陷,因为,这将导致我们走向别人的陷阱之中。

有一位精明的商人,他在各方面都很优秀,头脑聪明,业务精湛、办事干练,是个不能被轻易打败的人。但他有个弱点,就是好色。经商成功后,他身边可以说美女如云,他花在女色上的金钱和精力不计其数。有一次,几个商界合作者带他到了温柔乡,几杯酒下肚,他就在美女的簇拥下,迷迷糊糊地在一份合同上签了字。第二天,他发现事态严重,但已来不及挽救,白白损失了上千万元。

这就是因为自己的人性弱点而走入陷阱的很好的佐证。当你的弱点凸显出来的时候,你几乎会丧失理智和头脑。因此,你要正视自己的人性弱点,要清醒而理智地把握住自己,不要轻易踏入别人事先设计的陷阱之中。很多人因为自己的弱点而倾家荡产、妻离子散。

人性的弱点有很多，比如贪财。一听说有钱可挣，不管这钱干净不干净，是不是有风险，就拼命扑上去。我们都听说，政坛人物因金钱丑闻而下台，其实有些是落入了政敌的陷阱；商人为贪财去与人合伙，结果对方一走了之，白忙了一场；女性为贪财而去委身于有钱的人，结果赔了夫人又折兵，没有捞到什么钱，却弄了一身的伤，甚至带来悲剧性的命运。

好赌也是人性的弱点。有些人终日无所事事，但对赌博却情有独钟，不管麻将，还是扑克或者其他什么方式，只要听说有赌局，就兴高采烈。

利用这些好赌之人的弱点设置陷阱，轻易地把他们的钱赢光，而他们只会抱怨自己手气不好，运气欠佳，希望下一回能捞回来。这种心理只能带来恶性循环，在“捞回来”的心态下，越输越赌，越赌越惨，越惨越赌，直至丧失人性，落个可悲的下场。

贪财、好色、贪赌这是人性弱点中最易让人迷失自我、丧失理性的成分，也最容易被别人利用。而我们一旦落入其中，巨大的损失是无法弥补的。

此外，诸如贪小便宜、贪杯、好吃懒做、面皮薄、耳根子软、脾气暴躁等等，都是人性的缺陷，也是别人设计陷害的因素。

社会上的陷阱处处都有，但不是人人都能碰上、人人都会钻入其中。只要你光明正大，脚踏实地，就可以避免落入陷阱。

报仇和记仇

俗话说：“有仇不报非君子”，但根据人性的现代生存法则，这里我们要反言相劝：“有仇不报是君子”！

让我们先看看一部外国电影所描述的故事。

有一位牧场主全家被土匪枪杀，他孤身一人，一无所有，只好变卖牧场，寻仇天涯。

家园被毁，亲人被杀，可以说没有比这更大的仇恨了，这种仇谁都想报。可是当这位牧场主花了十几年的时间找到凶手时，才发现那位凶手已疾病缠身，躺在床上，失去了抵抗能力。他请求牧场主给他致命的一枪。然而，牧场主把枪举起后又颓然放下。结果是，牧场主沮丧地走出破烂的小木屋，在夕阳照着的大草原中沉思：我放弃了一切，虚度了十几年的光阴，为的就是报仇雪恨，如今我也老了，报仇到底有什么意义呢……

这虽然是电影故事，但也一样让人深刻反思。这种反思也就是前面所述的“有仇不报是君子”的道理。

其实，复仇也并非毫不费力、轻而易举的事。至少需要你付出以下东西：

1. 精神的投资

每天筹划着报仇，要耗费很多精神，想到切齿之处，情绪心神的剧烈波动，更有可能影响到身体的健康。

2. 财力的投资

有人为了报仇而放弃一辈子的事业，大有玉石俱焚的味道，就算不投下一辈子的事业，也要花费不少的财力，来筹划报仇的工作。

3. 时间的投资

俗话说：“君子报仇，十年不晚”。因此，有些仇不是说报就能报，可能三年五载，十年八年，甚至几十年都有可能报不成，就算报成了，自己也年华已逝。

既然如此，人为何要报仇，害得自己元气大伤呢？

这里所谓的“君子”是指一个成熟的人，一个有智慧的人！这样的人知道轻重，知道什么东西对他有意义、有价值。报仇虽然可消除心头之恨，但心头之恨消了，也有可能失去了自己。所以君子并非有仇必报，而有时会选择有仇不报！如果仅仅为了报仇而虚度终生，报仇之后又失去了自己，那它只能体现出一个人的志气，而不令后人留恋和赞叹。

仇可以不报，但不可以忘记，因为仇恨会带给你奋发的力量，刺激你成长，让你可以用成就来报仇！而一旦你的力量比仇人更大，你的仇人自然不是逃之夭夭就是前来请罪，因为你的不报成为他心头最大的阴影——他怕你哪一天真的下手报仇！所以不报才是君子最好的报仇方式！

世上不仅有家仇，还有国仇。在中华民族几千年的历史上，留下了不少屈辱，也是一种国仇。我们虽然可以不报，却无论如何不可忘记，唯有奋发图强、使中国强大，才能不重蹈过去的历史。

因此，仇可不报，但不可忘记。

一生的恩人

一个年轻人刚从军中退伍时，只有高中学历，无一技之长，只好到一家印刷厂做送货员。

一天，这年轻人将一整车四五十捆的书，送到某大学的七楼办公室。当他先把两三捆书扛到电梯口等候时，一位五十多岁的警卫走过来，说："这电梯是给教授、老师搭乘的，其他人一律都不准搭，你必须走楼梯！"年轻人向警卫解释："我不是学生，我是要送一整车的书到七楼办公室，这是你们学校订的书啊！"可是警卫一脸无情地说："不行就是不行，你不是教授，不是老师，不准搭电梯！"

两人在电梯口吵了半天，但警卫依然不予放行。年轻人心想，这一车的书，要搬完，来回至少要走七层楼梯20多趟，会累死人的！后来，年轻人无法忍受这无理的刁难，就心一横，把四五十捆书搬放在大厅角落，不顾一切地走了。

后来，年轻人向印刷厂老板解释事情原委，获得谅解之后就辞职了。随后他到书店买了一整套高中教材和参考书，含泪发誓，要奋发图强，考上大学，决不再让别人瞧不起。

这年轻人在高考前半年，天天闭门苦读十四个小时，因为他知道，他的时间不多了，他已无退路可走。每当他偷懒、懈怠时，脑中就想起警卫不准他搭电梯的羞辱、歧视，也就打起精神、加倍努力用功。

后来，这年轻人终于考上某大学医学院。如今，20多年过去了，他变成一家诊所的医生。然而，他静心一想，当时，要不是警卫无理刁难和歧视，他怎能从屈辱中擦干眼泪、勇敢站起来？那位被他痛恨的警卫，不也是他一生中的恩人吗？

的确，人都有失意不顺的时候，然而，我们更相信挫折是年轻人最好的礼物：人只有在遭遇挫折，被他人百般刁难、歧视、嘲讽时才能醒悟！这岂不是一生中最珍贵的礼物？因此，如果现在的挫折，能带给你未来幸福，请忍受它。如果现在的快乐，会带给你未来不幸，请抛弃它。记住：生命中每个挫折、每个伤痛、每个打击，都有它的意义。

不屈小则无以成大谋

因为懂得了忍让，才具备了成功者所必须具备的度量。如此才知道权衡利弊，知道应时而变，在不利的形势下也会以退为进，坐等转机。

小不忍则乱大谋。对于一个血气方刚之人来说，隐忍不易做到。但隐忍不仅不是胆小、怯懦，相反需要更大的毅力和勇气。忍，有时更能锻炼一个人。忍痛，忍小痛没什么，忍大痛就很难了，忍辱也一样。

上帝要毁灭一个人，必定先使他狂妄。一个人除非先控制了自己，否则他将无法控制别人。能战胜自我的人，才有可能克敌制胜。

韩信年轻时，家里很穷，但自己不会谋生，时常四处漂流，向人讨饭吃。一天，韩信在街上逛，被一个杀猪佬的儿子瞧见了。这小子见韩信贫寒的样子，就存心欺侮他。他来到韩信面前，故意挑衅地说："你这么大的个子，腰里还挎着刀呀剑的，有多大能耐！我看你是表面上强壮，实际上虚弱，胆子没有兔子大！"这小子一吵，许多人围上来看热闹，他就更来劲了。

他当众侮辱韩信说："你有本事，不怕死，就用你那宝贝剑把我杀了；若胆小怕死，就从我胯下钻过去！"说着，还真的叉开双腿，露出一副街头小流氓的无赖相。韩信看看这小子，摇摇头，叹口气，就俯下身子，从他的胯下爬过。围观的人哄堂大笑，都以为韩信是个胆小鬼。

后来，韩信受到刘邦重用，拜为大将军，带领千军万马向北进攻。在和赵王的决战中，韩信只有几万人，而赵王有 20 万人马。但韩信毫无惧色，背水一战，结果把敌人杀得大败，灭了赵国。韩信屡建战功，被刘邦封为齐王，又封为楚王。路过家乡时，韩信派人把那个杀猪佬的儿子找来。那小子吓得战战兢兢，以为非死不可。韩信不但没杀他，还给了他一个小官，并且对手下的将官说："我不但现在可以杀这个人，当年也可以杀死他。但我想，杀了他我就要偿命，怎么建立大丈夫的功业呢？不能因小失大。所以就忍下这口气。不然，怎么有今天呢？"

温馨的问候唤醒冷淡的心

人是很容易被感动的，而感动一个人靠的未必都是慷慨的施舍，巨大的投入。往往一句热情的问候、一个温馨微笑，就足以唤醒一颗冷漠的心。

20世纪30年代，德国的一个小镇，有一个犹太传教士，每天早晨总是按时到一条幽静的小路上散步。不论见到谁，他总会热情地打一声招呼：早安！

小镇上一个叫米勒的年轻人，对传教士每天早晨的问候，反应很冷淡，甚至连头都不点一下。然而，面对米勒的冷漠，传教士未曾改变他的热情，每天早晨依然给这个年轻人道早安。几年以后，德国的纳粹党上台执政。传教士和镇上的犹太人，都被纳粹党集中起来，送往集中营。下了火车，列队前行的时候，有一个手拿指挥棒的军官，在队列前挥舞着指挥棒，叫道："左、右。"指向左边的将被处死，指向右边的则有生还的希望。轮到点传教士的名字了，当他无望地抬起头来，眼睛一下子与军官的眼睛相遇了。传教士不由自主地脱口而出："早安，米勒先生。"

米勒虽然板着一副冷酷的面孔，但仍禁不住说了一声："早安。"声音低得只有他们两人才能听到。然后，米勒果断地将指挥棒往右边一指。

传教士获得了生的希望……

第三章

睿智的放弃

放弃是一种智能，明白自己应该坚持什么，应放弃什么，是顾全大局的果敢和胆识。它可以放飞心灵，可以还原本性，使你真实地享受人生。面对人生，我们是自己唯一的导演，只有学会选择和懂得放弃才能彻悟人生，才能拥有海阔天空的人生境界。

懂得放弃

人生难免空白和遗憾，成熟的人才能懂得该放弃时放弃。

台湾作家吴淡如谈了对放弃的理解，以下是他的经历：

吴淡如曾经这样描述他年轻时的生活：“以前像一只牛，低着头一直往前耕田，却不知道自己为的是什么，也没有时间嚼一嚼自己的血汗耕出的稻子啊。”这时的吴淡如所轻气盛，精力充沛，每天要写三千字，他总想抓住每一分钟时间，以期获得更多。

步入中年以后，一天写三千字已经让吴淡如有些力不从心了。但在很长一段时间内，他还很难接受这种状况，不敢面对“年华老大，气力渐衰”的事实，依然不顾劳累地奋笔疾书，总想有更多收获。可这时事业有成的吴淡如却有这样的感悟：“好像很有成就感但是心里空空的，好像拥有很多，又好像什么都没有……副作用倒是不少，没注意自己的身体，搞得一身都是病……以前以为退休后可以坐豪华游轮去环游世界，现在我发现，即使退休后环游世界，也要带着医生、护士同行，一边打点滴，一边看风景……”有了这样的感悟之后，吴淡如开始领悟到人生要懂得放弃的道理，舍得放弃，会让自己活得更轻松，更健康。有了这种心态，吴淡如开始了全新的生活，他说：“现在，当我感到自己应该放松时，我会选择睡觉；当我觉得做得四体不勤时，我会选择游泳；当我感到自己应该放松时，我会出去‘鬼混’（鬼混的意思是在人群中享受无所事事的快感，逛逛街，看看喜剧片的动作片，和朋友喝下午茶言不及义都可以）。尽管觉得有东西要写，仍然有一股热情在心中冒了出来，在煽动着我……我还是会放弃，选择做其他的事情。”

好像要到了某种年纪，在得到拥有某些东西之后，我们才能够悟到，我们建构的人生像一栋华美的大厦，但只徒有外表，里面水管失修、配备不足、墙壁剥落，又很难找出原因来整修，除非把整栋房子拆掉。

但我们又舍不得拆掉。那是一生的心血，拆掉了，所有的人会不知道你是谁，你也很可能会不知道自己是谁。只是一味地追求完美，不懂得放弃，要付出很大的代价。

很多事业有成的人在这些年来开始看到，他们的房子出了问题，一些人皈依了佛门，一些人学会了打禅（打的时候精神很享受，回来不久又是爱恶欲贪嗔痴了），还有一些人选择了轻松愉快的生活方式。无论选择了什么方式来消除生活的烦恼，减轻生活的重负，他们都懂得了放弃的真谛。

一位心灵运动的领导者说，这世界上有八成的人太彷徨、太犹豫、太懒惰，但有两成的人生活得太努力，太努力也是会彷徨的。但是，你还是得努力，到了最后，还得放弃你的努力。

不曾努力过什么，什么都没有的人，“放弃”对他们来说是很容易的，因为他们没有什么好放弃的。许多路即使错误，还是要走过一遍，就好像释迦牟尼。如果他的出身不是一位王子，看尽天下繁华，他就不会看透在酒池肉林和升平歌舞的背后那么空虚。一个乞丐什么都没有，没什么好放弃的，但是他也没有办法放弃贪婪。

这其中的道理耐人寻味。我们大部分人都是属于那种太努力的人。有梦就追，不愿意让生命有空白和遗憾，但仍有遗憾。除了生命不能放弃。成熟的人，才懂得在该放弃时放弃。不够成熟的人，不敢放弃，不懂得放弃，放弃之后，空白又令人恐惧。用奥修的话安慰自己：“如果世界仍吸引着你，如果你觉得有一些事必须达成，那么你就要去历尽那个挫折，你将会感到挫折，那意味着你还需要到处逛逛，你还需要误入歧途。”

不肯放弃一个并不喜欢的工作，只因我们会对自己说，我可以做得比现在更好，或担心找不到更好的；很难推拒一个不适合自己的应酬，怕人家说越来越牛了；在某些不适合的场合，想走时很难转身就走，怕自己被别人嘲笑；很难离开一个恋人，即使你知道他根本不适合你，是不是还想多得到一些什么呢？所以我们明知不能够再混下去，还是舍不得。耽搁无益，贪多无益，都晓得，但还是舍不得。甚至舍不得自己的不快乐和忧郁。曾经在把自己整得很累的工作中挣扎很久，和一个不适合自己的爱情挣扎很久，在自己的原则和人情的矛盾中挣扎很多次，凡事都想有个结果，不想和过去付出的心血在该说再见时干干脆脆地说再见，所以非常苦恼。

我们还在忖度，什么该放弃，什么不该放弃。看到“在你死后，一定有很多事仍尚未完成”这句话时，我们只能很无奈地苦笑一下了。为了那些不能放弃的，我们放弃了哪些生命中最重要的事呢？工作狂的父亲为了成就感与责任感，放弃孩子们的童年；女人为了朝朝暮暮而放弃了自己生命可能挖掘的深度；情人们为了一时小小计较和面子之争放弃可能有的爱情……如果说，现代人都会算投资报酬率，但没有人算得出，在得到一些看得到的东西时，有多少和生命休戚相关的美丽像沙子一样在指掌间流去。而我们掌中所握的生命的沙是有限的，一旦失去，捞不回来。

我们的脑袋常像一个塞满事物的冰箱，什么东西应该丢出去。否则，永远不可能有新的东西放进来。不丢出去，任何东西总还是会在里面慢慢变坏；有些东西，丢了可惜，但放了一辈子，也吃不了。所谓的“人生观”，大概就是如何为自己的冰箱决定内容物的去留问题。

我们都还在盘算，什么该放弃。盘算之际，有挣扎有犹豫。没有人能够为我们决定，什么该舍，什么该留。所谓的豁达，就是明白什么留不得，留了也无益的道理。

人生要学会放弃

古往今来，学会放弃的典故和事迹不胜枚举。明朝时，山东有位叫董笃行的人在京城为官。一天，他接到家母的来信，说家里盖房子因为一堵墙与邻居发生了争执，希望他能出面为家里讲话。董笃行接信后写回了一首诗：“千里捎书为一墙，让他三尺有何妨。万里长城今犹在，不见当年秦始皇。”董母读后觉得有道理，于是主动退让。这个故事至今还传为美谈。有些人为了实现自己的理想，甚至放得下生死。为此，民族英雄文天祥留下了“人生自古谁无死，留取丹心照汗青”的千古绝唱。

尽管人生奋斗不止的目的是为了获得，但有些东西确实得舍得放弃，比如功名、利禄、美色……学会放弃，在深秋时可以感受到夏天的热情、春天的柔情、冬天的真情。但是，放弃并不是悲观失望的退却，而是“扬弃”。

学会放弃，是放弃那种毫无意义的拼争和没有价值的索取，而不是丧失奋斗的动力和生命的活力；是放弃那种金钱地位的搏杀和奢侈生活的享受，而不是失去对美好生活的向往和追求。

面对纷繁复杂的世界和物欲横流的社会，懂得放弃的人，是会用乐观、豁达的心态去对待没有得到的东西的，所以他们每天都有快乐和愉悦的心情伴随左右。而不懂得放弃的人，只会焦头烂额地乱冲。这不仅不能达到目标，而且每天都陷于得失的苦恼之中。

放弃当时是痛苦的，甚至是无奈的选择。但是，若干年后，当我们回首那段往事时，我们会为当时正确的选择感到自豪，感到无愧于社会、无愧于人生。也许正是当年的放弃，才到达成功彼岸。

有一首老歌，歌词最后几句是这样的："原来人生必须要学会放弃，答案不可预期；原来结果最后才能看得清，来来回回何必在意。"是啊！人生在世，何惧放弃。

卡夫卡的幸福观

获得真正的幸福，必须懂得忍耐和放弃。

有个故事说，巴尔扎克有一把手杖，上面刻着："我粉碎了一切障碍。"与他同时代的另一位默默无闻的文人，在自己的手杖上也刻了一句话："一切障碍粉碎了我。"

卡夫卡在《卡夫卡书信日记选》中写道："畏惧即不幸，但并不等于勇气即幸福。幸福只是无所畏惧，而不是勇气，勇气也许比力量要求更多……所以不是勇气，而是无所畏惧，平静地、坦然地忍受一切……"

这段从他的日记里摘下来的话，也许正可以作为卡夫卡一生的注脚——他并不仅仅是用笔写下了它们，而是用自己的生命去呈现了这种超乎勇气之上的无所畏惧。

作为一位对于人性有着深刻理解的思想者，卡夫卡就像他那伟大的前辈克尔凯郭尔一样，深深地理解生命的苦难并不在于紧张激烈或者动人心弦的经历之中，而恰恰就是生活本身，它的重复、平庸、无聊，它的种种琐碎的烦恼。

同样，作为一位思想者，卡夫卡比其他人更加懂得放弃，而且更懂得珍惜幸福的价值。但这已不再是常人所理解的幸福了。它不再是金钱、名誉、地位等外在的标准，而成为某种仅存在于内心深处的自由。为了获得真正的幸福，我们必须懂得如何恰当地使用我们的力量（因为我们的力量永远是有限的），必须懂得放弃和忍耐……而这一切，正是卡夫卡一生通过写作和生活所做的。

通过写作这一形式，卡夫卡为自己的抗争找到了存在的形象。当我们读到《变形记》、《城堡》、《审判》等作品时，简直就像面对这一尊尊充满力量的雕塑，你能从那极度的变形与夸张里体会到生命的悸动与冲突。而透过卡夫卡自己的书信与日记，我们将领受到那无尽的力量之源泉。

放弃是一种成熟

学会放弃，才能拥有一份成熟。

一只倒霉的狐狸被猎人用套子套住了一条腿，它毫不迟疑地咬断了那条腿，然后逃命。放弃一条腿而保全一条命，这是狐狸的哲学。人生亦应如此。当生活强迫我们必须付出惨重的代价以前，主动放弃局部利益而保全整体利益是最明智的选择。智者曰："两弊相衡取其轻，两利相权取其重。"趋利避害，这也正是放弃的实质。

生活中，有时不好的经历会不期而遇，搞得我们猝不及防，这时我们更要学会放弃。放弃焦躁性急的心理，安然地等待生活的转机。杨绛在《干校六记》中所记述的就是人生际遇所保持的一种适度的跳高，让自己对生活、对人生有一种超然的领悟。即使我们达不到这种境界，我们也要学会放弃，争取活得洒脱一些。

人之一生，需要我们放弃的东西很多。古人云，鱼和熊掌不可兼得。如果不是我们应该拥有的，我们就要学会放弃。几十年的人生旅途，会有山山水水、风风雨雨，有所得必然有所失，只有我们学会了放弃，我们才拥有一份成熟，才会活得更加充实、坦然和轻松。

比如大学毕业分手的那一刻，当同窗数载的朋友紧握双手，互相轻声说"保重"的时候，每个人都止不住泪流满面……放弃一段友谊固然会于心不忍，但是每个人毕竟都有各自的旅程，我们又怎能长相厮守呢？固守着一位朋友，只会挡住我们人生旅程的视线，让我们错过一些更为美好的人生山水。学会放弃，我们就有可能拥有更广阔的友情天空。

放弃一段恋情也是困难的，尤其是一场刻骨铭心的恋情。但是既然那段岁月已悠然遁去，既然那个背影已渐行渐远，又何必要在一个地点苦苦地守望呢？倒不如冷静地后退一步，学会放弃，一切又会柳暗花明

放弃就是跨越

放弃是一种跨越。当你能够放弃一切做到简单从容地活着的时候，你生命的低谷就过去了。

生命和死亡一直是一个很沉重的话题，王丽的经历正诠释了这一点。

第一次面对死亡是在王丽14岁时，爷爷的过世第一次让她感到在生死之间我们真的是无能为力，生命在那时告诉她的就是人类的渺小和卑微。没有我们能够留住的东西，几十年的生命都留不住，更不要说稍纵即逝的一种感觉。

王丽20岁那年，无休止的生病折磨着她，整整一年的时间，病情一层一层地把她跟外面隔离。那是一个冬天的夜晚，她打翻了药瓶，一千多粒的白色药片（维C）撒满了房间。它们躺在地上对她露出阴冷的笑容，她跪在冰冷的水泥地上边捡边哭。那时，她对生命厌倦了，仿佛看见了天堂里的春天，于是，她一口气吃下了几个月才吃得完的药片后还割了手腕。这是她第二次自杀。

王丽在昏迷两天后被救了过来。醒来的时候，她看见的是一个洁白的世界和那么多带着泪水的笑脸，很多亲人、同学都在她身边。那时，她第一次被刚毅的父亲抱着痛哭。父亲的憔悴、母亲的悲痛欲绝、奶奶的病倒，使她在那一刹那明白了生命其实不是她一个人的。

活着是一种责任。对每一个爱我们的人来说，活着就是对他们最根本最完整的报答。生命不是我们自己的，没有权利选择生的我们也没有权利选择死。这不仅仅是因为道德良知，最重要的就是心中要有爱。爱自己、爱别人，生命才有意义。

同时，王丽也知道生命是顽强的。在她一次次摧残它的时候，它一如既往地宽容并接纳了她。对生命，她有了一种感激。

真正让王丽感到生命的脆弱是在去年，她体会到顽强的毅力有多重要。那时，王丽唯一的侄儿在出世时注射的预防天花的疫苗没有起效，在几十万分之一的概率里被感染了。他才一周岁多一点，很小很小的一个孩子，医生说："主要还是靠他自己的免疫能力，他浑身上下包括嘴唇和舌头都长满了水疱，不能吃饭，不能说话，还不能哭，泪水会软化面部的水疱，如果水疱破了，感染了细菌，就很容易感染白血病；还不能发烧，如果烧到40℃就会伤到脑神经。”

他们耐心地跟他说这些道理，出世才几百个日子的他竟然能懂，他不哭，泪水满了眼眶就自己用手帕拭去。他还忍着痛吃饭，增强体质。那整整3个月，他们就每时每刻守着他，因为水疱很痒，怕他不小心自己用手抓破了。那时，白血病像一个魔鬼似地缠绕在他们心头，令他们恐惧。对生命，他们充满了悲愤，上苍竟然将如此剧痛降临在一个幼儿身上，真是不公平，而他们竟然无能为力。

那些个日子，全家人都近乎崩溃。他们都哭，可他连哭的权利都没有，就用他那柔软的身体承受着，终于走了过来。

就是这个孩子，让王丽为自己曾经的做法而羞愧。也从小侄子身上感受到了当年在病榻前亲人的心情，那一种钻心的痛。从他的身上王丽懂得了要爱惜生命，因为她看到了他的坚强，他让她在一年之后写下这件事的时候，仍是泪流满面，因为生命来之不易。

有时，人们在痛苦的时候会说，累了，真的不想活了，死是一种解脱。是的，死仅仅对去了的人来说是一种解脱，而留下的人呢？因为你的解脱所带给他们的痛苦大于你生存的痛苦，这是一种极不负责的行为。属于你的苦你就要承受，无论是生是死，你都不能把它们加到那些关心你的人身上，因为爱毕竟没有错。活着，在你最不堪的时候，你只要做到仅仅是活着就够了。死亡只是一种诱惑，不是牵引。什么都可以放弃，唯有生命不能。

生命是那么脆弱，战争、疾病、事故，每天都有那么多向往阳光和空气的人在无辜地死去。那是一种不得已，而我们能够平安地生活在自己的家园里，享受家人带来的温暖，我们还有什么理由放弃生命呢？

再去看看贫困的地方，那些难民，以及很多山区连温饱都解决不了的人们，他们不屈不挠地和死亡斗争着。还有那些在烈日下出卖廉价劳动力的车夫们，生命都是一样的，没有贵贱之分。他们不是苟且偷生，是认真地对待生命。相比之下，我们却是那么的懦弱和贪婪，漠视生命的尊严。

生命原本是简单的，我们要学会放弃很多东西，但不要不珍视生命。

永远不要轻易放弃生命，当你能够放弃一切做到简单从容活着的时候，你生命里的低谷就过去了。

放弃即快乐

生活总要在取舍中选择，我们会渴望取，而忽略了舍的必要。

人的情感就是这样，总是希望有所得，以为拥有的东西越多，自己就会越快乐。所以，这人之常情就迫使我们沿着不断追求的路走下去。可是，有一天，我们忽然惊觉：我们的忧郁、无聊、困惑、无奈、一切不快乐，都和我们的目的有关。我们之所以不快乐，是因为我们渴望拥有的东西太多了，或者太执著了，不知不觉，我们已经执迷在某个事物上了。

韩非子讲过这样一个故事：一个人丢了一把斧子，他认准是邻居家的小子偷的，于是出来进去，怎么看都像那小子偷了斧子。在这个时候，他的心思都凝结在斧子上了。斧子就是他的世界，他的宇宙。后来斧子找到了，他心头的迷雾才豁然开朗，怎么看都不像是那个小子偷的。仔细观察我们的日常生活，我们都有一把"丢失的斧子"，这"斧子"就是我们热衷而现在还没有得到的东西。

譬如说，你爱上了一个人，而她却不爱你，你的世界就萎缩在对她的感情上，她的举手投足、一言一语，甚至衣裙细微的声响，都足以吸引你的注意力，都能成为你快乐或痛苦的源泉。有时候，你明明知道那不是你的，却想强求，或可能出于盲目的自信，或过于相信"精诚所至，金石为开"，结果不断地努力，却遭受不断的挫折，弄得自己苦不堪言。世界上有很多事，不是我们努力就能实现的，有的靠缘分，有的靠机遇。这时我们只能以看山看水的心情来欣赏，不是自己的不强求，无法得到的便放弃。

懂得放弃才有快乐，背着包袱走路总是很辛苦。中国历史上，"魏晋风度"常受到称颂。它与儒、释、道哪一家也说不上，但是哪一家都有一点。在人世的生活里，它又有一份出世的心态，说到底，是一种不把心思凝结在"斧子"上的心态。

在生活中我们时刻都在取或舍，总是渴望着取，渴望着占有，而常常忽略了舍，忽略了放弃。懂得了放弃的真谛，也就理解了"失之东隅，收之桑榆"的妙谛。多一点中和的思想，静观万物，体会与世界一样博大的诗意，我们自然会懂得适时地放弃。这正是我们获得内心平衡、获得快乐的好方法。

舍弃之美

小石子原来是圆圆的，一天不小心摔丢了一个角，他很伤心，于是他出发去寻找这个角……

一路上，他边找边唱：我是一个快乐的小石子呀，啦啦啦……

一路上，蜻蜓不时地停在他的肩上。

一路上，青蛙也会陪他一起呱呱唱。

一路上，他闻到了花香，和蝴蝶捉迷藏……

历经艰险，他终于找到了属于他的那个角，于是他开心地装上了，又变回了那颗圆圆的石子。在回家的路上，他想停下来和蜻蜓蝴蝶青蛙玩，想唱歌，可是他太圆啦，没法停下来，只能一路快速地不停向前滚……

于是，他也明白了，缺了一个角并没什么遗憾。

时间的河流洗刷着往日的记忆，若你还因曾经的舍弃而无法释怀，那么去看看它的背后，有一种美丽在那里闪现。

经过一场挣扎，蝴蝶终于从蛹壳中飞出。它舍弃了如春日一般的温床，可得到了美丽的双翼，在阳光下闪亮的不仅是翼的色彩，更有舍弃所带来的自由与美丽。

秋叶随风而落，那曾经高挂枝头的骄傲已随风而去，当夕阳慈祥地抚摸它时，那擦肩而过的伤痛也已变得柔和。它随风起舞的日子再也无法找回，但留下的却是另一种美丽，那是根植大地的永恒，是更深刻的一种价值与意义。

维纳斯的双臂无意中被舍弃在某个角落，留下了一份缺憾和一份令人惋惜的记忆。但在这舍弃的背后却蕴含着另一种极致的美丽，她温雅、永恒、无可代替，像一枚汲取了文化精髓的宝石，永恒散发着迷人而又凝重的光芒。

为了收容一粒随波流浪的小沙，蚌义无反顾地舍弃了自己的光滑与完美。沙粒的嵌入留给了它无法抹去的伤痕，而当它不断分泌物质来疗伤时，它造就了一个美丽的奇迹——晶莹的珍珠在它的伤口诞生。

舍弃就是这样，它也许出于无奈，可在无奈之后是另一份希望。它也许出于缺憾，而在缺憾背后包含着极致的美丽。蝴蝶挣脱茧后的自由，落叶归根后的安慰，"蚌病成珠"的新转机……

舍弃，带给自己和别人新的生机，这是另一种美丽。

识时务者为俊杰

"识时务者为俊杰"这句至理名言，历来被视为逃避、变节的托词，其实不然。小到个人的自我设计，大到国家的大政方针，随着内部条件和外部环境的变化，难免要做出调整、改变，甚至于不得不放弃。知难而进者固然可喜，审时度势、善于放弃更难能可贵！

鲁迅是万人敬仰的大文豪。当初他选择了学医救国，但当他认识到要拯救中华，只有先拯救国人那麻木的灵魂时，便毅然放弃了他的最初选择，弃医从文，拿起笔杆子同敌人作殊死斗争。试想，如果没有他的放弃，无数的国民能战胜愚昧，争来今天的幸福生活吗？可见，放弃可以使生命得到升华，甚至可以造福万民。放弃也是一种大智。

邓亚萍为在体育生涯中再创辉煌，放弃安逸的生活，克服种种困难，进行超强训练，弥补自身先天的不足，在国际大赛中多次夺冠。她的放弃，不仅实现了自己的理想，也为我们树立了榜样。

今天的放弃，是为了明天的得到。干事业的人不会计较一时的得失。

苦苦地挽留夕阳，是傻人；久久地感伤春光，是蠢人。什么也不放弃的人，往往会失去更珍贵的东西。舍不得家庭的温馨，就会羁绊启程的脚步；迷恋手中的鲜花，就可能耽误了美好的青春。

人生旅途要学会珍惜，珍惜自己在学业、事业上取得的哪怕是极其微小的成绩和荣誉，因为任何微小的成绩和荣誉都来之不易，我们都曾为之付出艰辛。俗话说"聚沙成塔"、"滴水成冰"，都含有"积少成多"这样一个简单、朴素的辩证法。我们在前进过程中的每一个进步，都是可贵的。珍惜它，就是珍惜自己的劳动，就是珍惜自己生命的进程。

然而，人生路途上只学会珍惜是不够的，还要学会放弃。这个"放弃"不是通常所说的"丢掉"，而是提醒自己不要过于迷恋已经取得的哪怕是相当显著的成绩和荣誉，不要因对已经取得的成绩和荣誉沾沾自喜而耽误了赶路，耽误了摘取更辉煌的人生果实。俗语"山外有山，楼外有楼"就是告诫人们不要自满，不要停止继续进取的步伐。

泰戈尔在《飞鸟集》中写道："只管走过去，不要逗留于保存采来的花朵，因为一路上，花朵会继续开放的。"

为采集眼前的花朵而花费太多的时间和精力是不值得的，道路正长，前面尚有更多的花朵，让我们一路走下去……

曾经有这样一个故事：古时候一个少年背负着一个砂锅前行，不小心绳子断了，砂锅掉到地上碎了，可是少年却头也不回地继续前行。路人喊住少年问："你不知道你的砂锅碎了吗？"少年回答："知道。"路人又问："那为什么不回头看看？"少年说："已经碎了，回头何益？"说罢继续赶路。听完这个故事，不知道你有没有一点感悟。这个少年是对的，既然砂锅已经碎了，回头看又有什么用呢？

这正如人生中的许多失败一样，已经无法挽回，再去惋惜悔恨也于事无补。与其在痛苦中挣扎浪费时间，还不如重新找到一个目标，再一次奋发努力。还是让我们学会放弃吧！像那个少年一样。不要因为失败而作无谓的自责和叹息。当我们真正学会放弃时，会发现那才是一种真正的超越，一种真正的战胜自我的强者姿态。

还有一个故事：一个人被一块巨石压在了荒野里，为了求生，他把压在巨石下的右腿砸断，然后爬出去，获救了。

也许有时我们只看到了放弃时的痛苦，而忘却了那些如果我们不放弃就会得到更大的痛苦。所以我们要学会放弃。

有一首诗是这样写的：

一个杯子，原来装的是快乐、苦闷
已经装得太满了，很沉、很重、很累
沉重得让人喘不过气来，因为太满
更多欢乐也装不进去
倒进最美丽动人的东西也会溢出来
烟花，只有那一瞬间美丽
在瞬间，你多想看清楚弄明白，并牢记心间
但是，那只是瞬间的美丽，很快消失
在人生的长河里，有多少瞬间美丽
看不清，弄不明，为什么不该放弃
要知道，朦胧的最美，得不到的最回味

是啊，为什么就那么认真呢
是啊，为什么就学不会放弃呢
学会了放弃，感觉真好，坦然相对
有一点酸，有一点苦，有一点疼痛
但，有更多的是轻松、愉快、欢乐
学会放弃，将杯子里的东西倒干净
学会放弃，一个空杯子很轻松愉快
学会放弃，空杯子可以装下新东西
学会放弃，轻装上阵接纳新鲜事物
学会放弃，拥抱朝阳，迎接美好明天

锲而不舍的反面

放弃既是一种理性的表现，也不失为一种豁达美。

"锲而不舍，金石可镂"是古人留下的一句著名的治学格言，也成为世人推崇的成才之道。

其实，苦学不辍、持之以恒，只是一个人成才的条件之一，而其他条件，譬如机遇、天赋、爱好、悟性、体质诸项也是缺一不可的。如果你研究某一学问、学习某一技术或从事某一职业，条件确实太差，而经过相当的努力仍不见效，那就不妨学会放弃，以求另辟蹊径。

比如，学弹钢琴。据统计，北京、上海各有 10 万琴童。全国有多少，不得而知，估计不会少于 100 万吧！要是光弹着玩玩倒也罢了，可是许多家长都是认认真真地把孩子当个钢琴家来培养的。很多夫妇自认为"这一辈子就这样了"，无论如何也要让孩子成就一番事业。于是省吃俭用，给孩子置办了一架进口钢琴，立志要为祖国培养出一个"肖邦"、"李斯特"。再如高考。一年一度高考风起云涌，一番拼搏，分出高下，几家欢喜几家愁。受教育资源限制，不论你如何锲而不舍，使尽浑身解数，录取率就决定了必有近一半的考生自愿或不自愿地放弃上大学的愿望。如果差距不大，偶尔失手，自然不妨厉兵秣马，来年再战；倘若成绩差距实在太大，再考几次也难有多大提高，那就应当机立断，学会放弃。有道是"成才自有千条路，何必都挤独木桥"。世界首富比尔·盖茨就没有上完大学，大发明家爱迪生不过才小学毕业，学历照样不耽误人家成名成家，你又何必一条道走到黑呢？或许，你只要退这么一步，便会海阔天空。

人生苦短，韶华难留。选准目标，就要锲而不舍，以求“金石可镂”。但若目标不适，或客观条件不允许，与其蹉跎岁月，徒劳无功，还不如学会放弃，“见异思迁”。如此，才有可能柳暗花明，再展宏图。班超投笔从戎、鲁迅弃医从文，都是“改换门庭”后大放异彩的楷模。可见，如果能审时度势，扬长避短，把握时机，放弃既是一种理性的表现，也不失为一种豁达之举。

生活在五彩缤纷、充满诱惑的世界，每一个心智正常的人，都会有理想、憧憬和追求，否则，他便会胸无大志，自甘平庸，无所建树。然而，历史和现实生活告诉我们：必须学会放弃！

学会低头

学会低头，也就是懂得放弃。若要强出头，只有碰壁。

一次，一位气宇轩昂的年轻人，昂首挺胸，迈着大步去拜访一位德高望重的老前辈。不料，一进门，他的头就狠狠地撞在了门框上，疼得他一边不住地用手揉搓，一边看着比他的身子矮一大截的门。恰巧，这时那位前辈前来迎接他，见之，笑笑说：“很疼吧？可是，这将是你今天来访问我的最大收获。”年轻人不解，疑惑地望着他。“一个人要想平安无事地生活在世上，就必须时刻记住：该低头时就低头。这也是我要教你的道理。”老人语重心长地说。

这位年轻人就是被称为“美国之父”的富兰克林。

据说，富兰克林把这次拜访得到的教导看成是一生最大的收获，并把它作为人生的生活准则去遵守，从此受益终生。

由此想到，人生要历经千门万坎，洞开的大门并不完全适合我们的躯体，有时甚至还有人为的障碍，我们可能要不停地碰壁，甚至伏地而行。若一味地讲骨气，到头来，不但被拒之门外，还会撞得头破血流。学会该低头时就低头，巧妙地穿过人生荆棘，既是我们人生进步的一种策略和智慧，也是我们立身处世不可缺少的风度和修养。

苏东坡在《留侯论》中说：“天下大勇者，卒然临之而不惊，无故加之而不怒，此其所挟持者甚大，而其去甚远也。”这也算得上是对学会低头的另一种注解吧。

拿破仑的失败

“鱼，我所欲也；熊掌，亦我所欲，二者不可兼得，舍鱼而取熊掌者也。”当我们面临选择时，我们必须学会放弃。放弃，并不意味着失败。像下围棋一样，虽然放弃小的利益，得到的却是更大的利益。但如果想兼得“鱼和熊掌”，恐怕连“鱼”也得不到了。

在滑铁卢大战时，大雨造成的泥泞道路使炮兵移动不便。拿破仑不甘心放弃最拿手的炮兵，在踌躇之间，几个小时过去了，对方援军赶到。结果，战场形势迅速扭转，拿破仑遭到了惨痛的失败。拿破仑的失败足以证明：在人生紧要处，在决定前途和命运的关键时刻，我们不能犹豫不决，必须明于决断，敢于放弃。卓越的军事家总是在最重要的主战场上集中优势兵力，全力以赴去争取胜利，而甘愿在不重要的战场上做些让步和牺牲，坦然接受次要战场上的损失和耻辱。

同样，在人生的战场上，我们必须善于放弃，倾注于自己的时间和精力于“主战场”上，而不必计较“次要战场”的得失和荣辱。就算“鱼”与“熊掌”同等重要，在必须只取一件时，也要毅然地放弃另一件。不要怕选择错误，因为错误常常是正确的先导，它教会我们逐渐学会放弃。学会放弃，学会可以为了一棵树而放弃整个森林，这也许便是另一种珍惜。未来是不可知的，而眼前的这一切，我们还来得及把握，还可以在无限中珍惜这些有限的事物！人生，也就在这种放弃与珍惜之中得到升华！

清醒剂

如果抓住想要的东西不放，甚至贪得无厌，就会带来无尽的压力，甚至毁灭。晋代陆机《猛虎行》有云：“渴不饮盗泉水，热不息恶木荫。”讲的就是在诱惑面前的一种放弃、一种清醒。

因虎门销烟而闻名中外的清朝封疆大吏林则徐，便深谙放弃的道理。他以“无欲则刚”为座右铭，历官40年，在权力、金钱、美色面前做到了洁身自好。他教育两个儿子“切勿仰仗乃父的势力”，实则也是其为人处事的准则。他在《自定分析家产书》中说:“田地家产折价三百银有零”、“况目下均无现银可分”,其廉洁之状可见一斑。他一生从来没有沾染拥姬纳妾之俗,这在高官重臣中恐怕也是少见的。

其实,在物欲横流、灯红酒绿的今天,摆在每个人面前的诱惑实在太多,特别是对有权者来说,可谓“得来全不费工夫”。这就需要我们保持清醒的头脑,勇于放弃。

人生是复杂的,有时又很简单,甚至简单到只有取得和放弃。应该取得的完全可以理直气壮,不该取得的则当毅然放弃。取得往往容易使人坦然,而放弃则需要巨大的勇气。若想驾驭好生命之舟,每个人都面临着一个永恒的课题:学会放弃!

俄国作家托尔斯泰写过一则短篇故事:有个农夫,每天早出晚归地耕种一小片贫瘠的土地,但收成很少,一位天使可怜农夫的境遇,就对农夫说,只要他能不断往前跑,他跑过的所有地方,不管多大,那些土地就全部归他所有。

于是,农夫兴奋地向前跑,一直跑、一直不停地跑!跑累了,想停下来休息,然而,一想到家里的妻子和儿女,一想到需要更多的土地来耕作、来赚钱,就又拼命地再往前跑!真的累了,农夫上气不接下气,实在跑不动了!

可是,农夫又想到将来年纪大,可能缺乏人照顾,需要钱,就再打起精神,不顾气喘不已的身子,再奋力向前跑!

最后,他体力不支,“咚”地倒躺在地上,死了!

的确,人活在世上,必须努力奋斗;但是,当我们为了自己、为了子女、为了有更好的生活而必须不断地“往前跑”、不断地“拼命挣钱”时,也必须清楚地知道有时该是“往回跑的时候了”!因为妻子和子女正眼巴巴地倚着门等你回来呢!

“快往回跑,回来呀!”你再不“往回跑”,可能大家都再也见不到面了!

股市人生

放弃其实是为了更好地得到,是在扬弃中进行新一轮的进取,绝不是三心二意。

看着人家的股票直往上走高，整个股市牛气冲天，偏偏自己的几只股被套牢了。想当初刚买下时也是一路上涨，本打算到一个价位就出货，看着势头那么好，就捂了几天，谁知后来就开始跌。真是不甘心，于是再等等，就这样套了下去。一路还不停地按股市专家的教导在低位补货，直至资金全部用尽，直至被深深套牢。看着股市人气旺盛，一片翻红，也心仪其中几只，无奈资金被占用光了，若将手中的抛出去，总觉得亏损太多，心有不甘，只好“望洋兴叹”。

其实，如果放弃手中的，在别的股票上重新投资，以盈补亏，未必不是一个补救的办法，何必要死守一只呢？中国的股市，向来讲行情，一轮一轮，此起彼伏，一个个概念股轮着炒，大势已去时，及时回头，该抽手时就抽手，也许就赚回来了。

不止炒股，生活也如此。人生就像投资，有婚姻、工作等投资项目。有一个高材生，经过一段社会历练后，以前的那股锐气和豪情壮志自然是没有了，取而代之的是被磨炼得一副不堪重负的样子。他怨自己当初进错了行业，到了一个自己不具有优势的陌生行业。

问他为什么不换呢？他说，干了这么多年，付出了那么多，放弃这些，再从零做起，觉得亏。所以，一直坚守，十年前如此，五年前如此。唯有死扛下去，决不回头，听来多么英雄气长。何况还有疑虑：放弃了，再做别的，就一定能成功吗？所以他还是选择了等待。而他很多熟悉的朋友从零做起，现在已经是大有所为。他的一位同学，五年前辞去了一份收入不菲的工作开始创业，现在已经是数千万资产的公司老板了。

其实，放弃之所以难做到，是因为它看似是承认失败或是认输。在我们所受的教育里，强者是不认输的。所以我们常常被一些高昂词语所激励，以不屈不挠、坚定不移的精神和意志坚持到底，永不言悔。是的，人需要百折不回，要有坚强的意志和毅力向目标不断地奋斗。但是，奋斗的内涵不仅仅是对目标坚定不移、忠诚不贰，还在于及时地修正目标、校正方向，在死胡同里坚持到底的并不是英雄，死不认输只会毁掉自己。这种人连自己的心结都没有胜过，怎么可能成为强者，成为英雄？不过是畏惧失败、没有自信的弱者罢了。

真正的强者，还要学会认输、学会放弃。放弃了才能再做新的，才有机会获得成功。这样的放弃其实是为了得到，是在扬弃中开始新一轮的进取，绝不是低层次的三心二意。拿得起，也要放得下；反过来，放得下，才能拿得起。荒漠中的行者知道什么情况下必须扔掉过重的行囊，以减轻负担、保存体力，努力走出困境而求生。该扔的就得扔，生存都不能保证的坚持是没有意义的。

如果知道自己摸到的是一手臭牌，就不要再希望这一盘你是赢家；在陷进泥潭时，要知道及时爬起来离开那里；在被狗咬了一口时，不要下决心也咬狗一口；被蚊子咬了后，不到蚊子法庭去讨回公道；上错了公共汽车时，要及时地下车，去上另外一辆。"会认输"是基本的生活常识。人不仅要知道进取，也要学会认输，知道放弃。进取和放弃同样重要。

当一项投资的失败成为不争的事实时，即时放弃，将损失控制在最小范围，实际上是最好的"盈利"——虽然没有绝对值上的盈利，但是却不会继续加大损失。聪明的炒股人会设定一个止损点，到了这个点，就停止继续追加投资。所以，不仅要果断买入，也要及时地卖出，要学会"斩仓"。

把钱投出去是投资，停止投资也是一种投资，是更高层次的投资。承认失败，及时收手，能再展开新一轮的投资。办企业如此，人生也是如此。

还有一种情况。像人的生命一样，产品也有生命周期，分投入期、成长期、成熟期、衰退期。当产品走入衰退期时，企业要做的是什么呢？一厢情愿地等待市场转机，拼命地去推销它，还是及时分析市场，调整产品战略，开发新产品？有时候，人们对当初为自己带来过巨额收益的产品会恋恋不舍，希望奇迹能发生，期盼风光再现。然而，过去的好时光是不会重现的。

当年的福特车，那黑色宽大的T型福特车曾是多么风光！它占据了几乎全部的美国市场，但在几年的供不应求之后却不可避免地走下坡路了。由于福特公司没有及时更新换代，开发新产品，以致将市场拱手让给了通用的新车型；而通用也因同样的错误将市场让给了节能的日本小型车。这已成了管理的经典案例。

打开心结

股市是人生一个生动的比喻，不少投资者在精研各种技术图形、了解上市公司基本面目后，投资成绩仍不理想，其原因多种多样，其中之一就是不会在恰当时机放弃，解不开心中之结。

古希腊的弗里几亚国王葛第士以非常奇妙的方法，在战车的轭上打了一串结。他预言：谁能打开这个结，谁就可以征服亚洲。一直到公元前334年，仍没有一个人能够成功地将绳子打开。这时，亚历山大率军入侵小亚细亚，来到葛第士绳结的车前，不加考虑，便拔剑砍断了绳结。后来，果然一举占领了比希腊大50倍的波斯帝国。

一个孩子在山里割草，被毒蛇咬了脚趾。孩子疼痛难忍，而医院在远处的小镇上。孩子毫不犹豫地用镰刀割断受伤的脚趾，然后忍着剧痛艰难地走到医院。虽然缺少了一个脚趾，但孩子用一短暂的疼痛保全了自己的生命。

亚历山大果断地剑砍绳结，说明他放弃了传统的思维方式；小孩子果断地放弃脚趾，以短痛换取了生命。这都说明，在某个特定时期，你只有敢于放弃，才有机会获取更长远的利益，即使难以避免遭受挫折，你也要选择最佳的失败方式。

在股市里几乎所有人都遭受过套牢之苦。哪怕当时自己有一万个理由去买某只股票，但市场中众多不是理由的理由常常使你美梦落空。处于市场的复杂环境下，一旦套住，大多数人都会采取夺仓之策。虽然守住不动总有解套之日，但若一两年甚至五年都解不了套，资金的快速流动和增值就都是一句空话。夺仓虽不是上策，但也是一策。

股票炒作成败往往系于取舍之间。不少投资者看似水平很高，但因为不愿放弃眼前的蝇头小利，而忽视了更长远的目标。股票成功者往往只是一年抓住了一两次被别的股民忽视的机遇，而机遇的获取关键在于投资者是否能够在投资道路上进行果断的取舍。因而进入股票市场后，大多数投资者资金都不会闲置，很多投资者不是投资在这只股票上就是被套在另一只股票上。

可见，学会放弃有时要比学会技术分析重要，而更重要的是要善于化解心中之结。人生也是如此。

一天，有位大学教授特地向日本明治时代著名禅师南隐问禅。南隐先是以礼相待，将茶水注入这位来客的杯子。可是，杯子已满，南隐却还在注入。这位教授眼睁睁地望着茶水不停地溢出杯外，终于大声说道："已经漫出来了，不能再倒了。""你就像这杯子，"南隐答道，"里面装满你自己的看法。你不先把你自己的杯子倒空，让我如何对你说禅？"南隐是有道理的。

有时候，如果我们抓住自己的东西不放，就很难接受别人的东西。特别是现代社会，人变得越来越贪，有些人什么都不愿放弃，结果却什么也没得到。有所失才会有所得。所以，放弃不是失败，而是一种收获。

也许你会问："那什么时候应该争取呢？"这个问题问得很好。人生一世，百木争荣，少不得风光和无奈，懂得争取容易，学会放弃可是难于上青天。

《孙子兵法》和《三十六计》里都提到了一种浑圆战术，即胜也胜，败也胜。这不是教条而是逻辑，天衣无缝的逻辑！当你真正懂得了自己的有利条件、自己的不利条件，懂得了如何扬长避短，如何为自己创造条件等等，便掌握了一大半的成功因素。放弃是一种智能，争取也是一种智能，两者不可同日而语，关键在有的放矢。曹孟德曾隔岸观火，自取袁绍袁术之头；关云长仗义，大意失荆州；司马懿兵逼城下，诸葛亮信手抚琴；孟获遭七擒七纵，从此天下太平。混混沌沌一世界，芸芸众生在其间，何得何失，何去何从？

诸葛亮刚出茅庐时说："曹操挟天子以令诸侯，亦非天时，也在人谋……"后来诸葛亮仰天长叹："谋事在人，成事在天！"精心策划的计谋没有成功，何况没有经过深思熟虑的计划呢！不可不放，不可不争，事在人为，而后顺其自然。

放下包袱

在墨西哥海岸边，有一个美国商人坐在一个小渔村的码头上，看着一个墨西哥渔夫划着一艘小船靠岸，小船上有好几尾大黄鳍鲔鱼。这个美国商人对墨西哥渔夫抓到这么珍贵的鱼恭维了一番，问他要多少时间才能抓到这么多？

墨西哥渔夫说："才一会儿工夫就抓到了。"美国人再问："你为什么不待久一点，好多抓一些鱼？"墨西哥渔夫觉得不以为然："这些鱼已经足够我一家人生活所需啦！"美国人又问："那么你一天剩下那么多时间都在干什么？"

墨西哥渔夫解释："我呀？我每天睡到自然醒，出海抓几条鱼，回来后跟孩子们玩一玩，再跟老婆睡个午觉，黄昏时晃到村子里喝点小酒，跟哥儿们玩玩吉他，我的日子过得充实又忙碌呢！”

美国商人不以为然，帮他出主意，说：“我是美国哈佛大学企管硕士，我倒是可以帮你忙！你应该每天多花一些时间去抓鱼，到时候你就有钱去买条大一点的船。自然你就可以抓更多鱼，买更多渔船。然后你就可以拥有一个渔船队。到时候你就不必把鱼卖给鱼贩子，而是直接卖给加工厂。或者你可以自己开一家罐头工厂。如此，你就可以控制整个生产、加工处理和行销。然后你可以离开这个小渔村，搬到墨西哥城，再搬到洛杉矶，最后到纽约。在那里经营你不断扩充的企业。”

墨西哥渔夫问：“这要花多少时间呢？”

美国人回答：“十五到二十年。”

墨西哥渔夫问：“然后呢？”

美国人大笑着说：“然后你就可以在家当皇帝啦！时机一到，你就可以宣布股票上市，把你的公司股份卖给投资大众。到时候你就发啦！你可以几亿几亿地赚！”

墨西哥渔夫问：“然后呢？”

美国人说：“到那个时候你就可以退休啦！你可以搬到海边的小渔村去住。每天睡到自然醒，出海随便抓几条鱼，跟孩子们玩一玩，再跟老婆睡个午觉，黄昏时晃到村子里喝点小酒，跟哥儿们玩玩吉他□！”

人生中，有时我们拥有的内容太多太乱，我们的心思太复杂，我们负荷太沉重，我们的烦恼太无绪。诱惑我们的事物太多，大大地妨碍我们，无形而深刻地损害我们。

我们的人生要有所获得，就不能让诱惑自己的东西太多，心灵里累积的烦恼太乱杂，努力的方向过于分散。我们要简化自己的人生，要经常地有所放弃，要学习经常否定自己，把自己的生活中和内心里的一些东西断然放弃掉。

如果我们永远凭着过去生活的惯性、日常世故的经验，固守已经获得的功名利禄，并想要获取所有的权钱职位，什么风头利益都要去争，什么样的生活方式都让我们心动，什么朋友熟人都不愿得罪，我们会疲于应付，把很多时间和精力都耗费在无谓的纷争和无穷的欲望上。这样的话，不仅自己的正常发展受到限制，甚至会迷失自己真正应该前行的方向。

在人生的一些关口，我们的生命中会长出一些杂草、害虫，侵蚀我们美丽丰富的人生花园，搞乱我们幸福家园的田地。我们要学会对这些杂草进行铲除。放弃不适合自己的职业,放弃异化扭曲自己的职位,放弃暴露你的弱点缺陷的环境和工作,放弃实权虚名,放弃人事的纷争,放弃变了味的友谊,放弃失败的恋爱,放弃破裂的婚姻,放弃没有意义的交际应酬,放弃坏的情绪,放弃偏见恶习,放弃不必要的忙碌压力……

放弃我们人生田地和花园里的这些杂草、害虫,我们才有机会同真正有益于自己的人和事亲近,才会获得适合自己的东西;我们才能在人生的土地上播下良种,致力于有价值的耕种,最终收获丰硕的粮食。

放弃得当,是对围剿自己的藩篱的一次突围,是对消耗你精力的事件的有力回击,是对浪费你生命的敌人的扫射,是你在更大范围去发展自己的前提。

放弃得当,是对捆绑自己的背包的一次清理,丢掉那些不值得你带走的包袱,你才可以简洁轻松地走自己的路,人生的旅行才会更加愉快,才可以登得高,行得远,看到更美更多的人生风景。

放弃,才能登上人生的巅峰

每个人都有过搬家的经历,每次搬家都把自己折腾得筋疲力尽。但一旦收拾家当,我们往往会惊奇地发现好多自己已经不喜欢,却又没有丢弃的东西,如衣服、鞋子之类的,将我们的衣箱塞得满满的。一件件过目,它们虽然过时但依然整洁,当初就是如此,自己才舍不得扔掉,总说来年再穿,到第二年的时候,却又买了新的,再也没有动过它们,每年如此。好像自己拥有许多,其实真正喜欢的、用得着的却微乎其微。

人,正因为不懂得舍弃,不懂得放手去清扫自己,才会有很多纠结的痛苦,甚至深深地陷入困境中而无法自拔。当自己懂得舍弃和清扫自己的艺术时,自己才豁然开朗,生命才会马上向你展现出另外一个截然不同的景致。正如蝌蚪放弃自己的尾巴,变成自由跳跃的青蛙一样。

有一个聪明的年轻人,很想在各个方面强过别人,尤其想成为一名大学问家。可是,许多年过去了,他的各方面都不错,可学问却没有多少长进。他非常苦恼,就去向一位大师求教。

大师说:“我们登山吧,到山顶你就知道该如何做了。”

那山上有许多晶莹的小石,煞是迷人。每当见到他喜欢的石头,大师就让他装到袋子里背着。很快,他就吃不消了。“大师,再背,别说到山顶了,恐怕我连动一动的力气都没了。”他凝望着大师说道:“是啊,那该怎么办呢? ”大师微微一笑:“该放下啦,背着石头怎可以登上顶峰呢? ”

年轻人一愣,忽觉心中一亮,向大师道谢后走了。后来,他一心做学问,进步飞快。其实,人要有所得,必然会有所失,只有学会放弃,才有可能登上人生的巅峰!

别以自我为中心

在美国发生一件趣事:加州有位女士养了一只珍贵的鹦鹉,非常可爱,但是它却有一个怪毛病,常常咳嗽,而且声音重浊难听,喉咙里好像塞满了令人作呕的痰。女主人十分焦虑,急忙带它去看兽医,唯恐它患上了呼吸系统的疾病。

可检查结果是,鹦鹉完全健康,没有毛病。问题出在女主人身上,因为她抽烟,所以经常咳嗽,这只鹅鹅只是惟妙惟肖地把主人的声音模仿得可以以假乱真罢了。之后那女主人若有所悟,立即戒了烟。

这个故事,能否给予我们一点启示呢?人的通病是,总觉得别人不对,自己总是对的。殊不知大家来自不同的生活层面,所见所想的角度和程度不一样,加上个性、知识的差异,便形成观念的分歧,如果大家都以自我为中心,那么社会上就会有不愉快、不和谐的事发生。

所以,在为人处世时,要正视这些性格、知识、环境和观念的差异,适时地舍弃自己的一些偏见,这样就会营造一个祥和而愉快的生活环境。

咽下这口气

常常听别人说,“我就是咽不下这口气”!其实有许多时候,处世的智慧就在于你能不能适时地咽下一口气,不去做无谓的坚持。

明代才子冯梦龙在《广笑府·尚气》篇中记载了这样一则故事:从前,有父子二人,性格都非常刚直,生活中从来不对人低头,也不让人。一日,家中来了客人,父亲命儿子去集贸市场买肉。儿子拿着钱在屠夫处买了几斤上好的肉，用绳子串着转身回家，来到城门时，迎面碰上一个人，双方都寸步不退，也坚决不避开。于是，二人面对面地挺立在那儿，相持了很久很久。

日已正中，家中还在等肉下锅，待客饮酒，父亲不由得焦急起来，便出门去寻找买肉未归的儿子。刚到城门处，看见儿子还僵立在那儿，没有半点让人的意思。父亲心下大喜道："这真是我的好儿子，性格刚直如此。"他蹿步上前，又大声说道："好儿子，你先将肉送回去，陪客人吃饭，让我站在这儿与他比一比，看谁撑得过谁！"

话音刚落，父亲与儿子交换了一个位置，儿子回家去烹肉煮酒待客；父亲则站在那个人的对面，如怒目金刚般挺立不动，惹得众多的围观者大笑不止。

一般而言，性格刚直者在处世中不易吃亏，受人钦佩，但太刚直了会走向反面。这种人往往固执己见，严守自我的做人准则，不退让，不变通，没有半点灵活。

人生在世，无一点刚直之气是不行的，尤其是应该心有所主。这样，人们可勇气倍增，可与人抗争、与社会黑暗的东西抗衡，凸显出自我的个性和风貌。

但是，刚直并不是赌气，不是去追求无益的个人"胜利"。犹如冯梦龙先生笔下所叙述的那对刚直的父子，仅仅为了避让的小事，就与人对着干，不管其他的事，这就由刚直走向了蛮干。久而久之，会引起别人的厌恶，最终会在人生旅途中碰得头破血流，尝尽苦头。

放弃错误才能维持尊严

只有放弃去维护个人的"尊严"，我们才能有尊严。一味坚持自己的错误，谈何尊严？

作为教师，也许道歉比训斥难度大得多。

一位小学教师向我讲述了他的一次经历：四年级语文单元测验，老师误将一位学生答对的题扣了分。卷子发下来，这位学生举起手说："老师，我认为这道题这样答是对的，理由是……"老师重新看后作了纠正。按说这件事就过去了。不料，一会儿这位学生又举手说："老师，您错了，应该向我道歉。品德课上老师就是这么说的。”顿时,教室里一片寂静,老师也愣住了。片刻,这位老师笑着说:“是我疏忽了。对不起!”我问这位老师:“您当时不觉得窘迫吗?”他却说:“像这样有道德勇气的学生,很少见,我喜欢。”

这句话深深地震动了我。一位四年级的小学生敢于坚持自己认识的正确性,要求教师纠正自己的错误已属不易,更可贵的是他用品德课上构架起来的道德标准去待人处世,坚持学生和老师不仅在真理面前平等,而且在人格上也平等。更何况这份勇敢还可能是要承担“胆大妄为”、“得寸进尺”,甚至“目无尊长”的嘲笑和训斥。

尽管道歉是生活中一个再平常不过的细节,但在我的所见所闻中,作为老师,在学生面前承认自己的错误并诚恳道歉的并不多。因为,道歉对于老师来说,同样承担着“威信”一落千丈的风险。但是,那位老师做了。他用自己的道德勇气呵护了学生心田里刚刚萌芽的异常圣洁的光芒。

教书育人是教师的天职。育人,就是教孩子做具有健全人格、高尚人格的人。如果说“教书”是教师以知识的力量征服、感召自己的教育对象,那么,“育人”就需要教师以人格的力量征服、感召自己的教育对象。因此,塑造和维护好自己的人格形象,是教师做好教书育人工作的必要条件。教师人格上的“失足”,不仅会导致“育人”不能,甚至连“教书”也会难以为继。试想,如果那位老师坚持维护个人“尊严”,动辄训斥学生,那个小学生还敢与老师“据理力争”吗?

做好人的工作要凭两种力量:一是真理的力量,一是人格的力量。“真理的力量”就是知识的力量,多数教师是比较注意的。可是,人格的力量、人格的形象呢?

不要无谓的固执

放下无谓的固执,冷静地用开放的心胸去做正确的抉择。每次正确无误的选择,都将指引你走向通往成功的坦途上。

生活就像海洋,只有意志坚强的人,才能到达彼岸。

两个贫苦的樵夫靠上山砍柴糊口。有一天,他们在山里发现两大包棉花,喜出望外。棉花的价格高过柴薪数倍,将这两包棉花卖掉,可供家人一个月衣食丰足。当下,两人各自背了一大包棉花,赶路回家。

走着走着,其中一名樵夫眼尖,看到山路上有一大捆布。走近细看,竟是上等的细麻布,有十多匹。他欣喜之余,和同伴商量,一同放下肩负的棉花,改背麻布回家。

他的同伴却有不同的想法,认为自己背着棉花已走了一大段路,到了这里丢下棉花,岂不枉费自己先前的辛苦?坚持不换麻布。先前发现麻布的樵夫见同伴不听劝,只得自己竭尽所能地背起麻布,继续前行。

又走了一段路后,背麻布的樵夫望见林中闪闪发光,待走近一看,地上竟然有数坛黄金,心想这下真的发财了。赶忙邀同伴放下肩头的棉花,改用挑柴的扁担来挑黄金。

同伴仍是不愿丢下棉花,并且怀疑那些黄金不是真的,劝发现黄金的樵夫不要白费力气,免得到头来一场空欢喜。

发现黄金的樵夫只好自己挑了两坛黄金和背棉花的伙伴赶路回家。走到山下时,无缘无故下了一场大雨,两人在空旷处被淋了个湿透。更不幸的是,背棉花的樵夫肩上的大包棉花吸饱了雨水,重得无法再背。那樵夫不得已,只能丢下一路舍不得放弃的棉花,空着手和挑黄金的同伴回家去。

在人生的每一次关键时刻,审慎地运用你的智慧,做最正确的判断,选择属于你的正确方向。同时,别忘了随时检视自己选择的角度是否产生偏差,适时地进行调整。千万不能像背棉花的樵夫一般,只凭一套哲学,便欲强渡人生所有的关卡。时时留意自己执著的意念是否与成功的法则相抵触,追求成功,并非意味着您必须全盘放弃自己的执著,去迁就成功法则。只需你在意念上做合理的修正,使之契合成功者的经验及建议,即可走上成功之道。

蒂娜的苦恼

蒂娜很小的时候就发现自己对科学很热爱,念书时,每到自然课她就如鱼得水。后来她继续升学,直到大学化学系毕业。她的第一份工作也和化学实验有关,这是让她最有归属感,也最能伸展抱负的领域。蒂娜不仅完成了老板交付的所有工作,还自动加倍做事。她一大早就去上班,留到很晚还不下班,就连周末都跑到实验室加班。

在这个职位做了几年以后，蒂娜变得不安起来，因为这个职务的挑战性，并未随着她知识的增长而增强。由于无法找到适合她的挑战，蒂娜决定回到校园继续深造。在研究所攻读的蒂娜学到了一种新的技术。这门新兴的科学令其十分着迷，她写的硕士论文也是以此为题的。蒂娜发表的论文让她声名大噪，一毕业就接到好几家公司所提供的十分吸引人的工作机会。她接受了一家公司的邀约，因为他们让她有机会应用所学，继续进行商业性的研究。蒂娜很满意这个职位，表现优异且绩效卓著，她的工作也为雇主带来了高经济效益的技术突破。为了奖励她卓越的成就，高层决定将蒂娜升为试验部门的主管，但是这个收入丰厚、位高权重的职位，也让她肩负起重大的责任。

蒂娜在新的角色中负责管理其他研究人员的工作，这是她第一次担负管理工作，包括准备工作日志、指导绩效评估、处理监督事宜、企划等。她花在实验室的时间减少了，留在办公室处理公文、打电话、与人互动的机会却增多了，另外还有冗长的会议，让蒂娜感到厌恶。她开始怀念过去的日子，觉得那时她是多么的生气勃勃又充满了挑战，金钱和名望已不足以弥补这个遗憾。

每天都有许多困惑不安的人，鱼贯进出心理治疗师的诊疗室，因为他们拒绝接受人生的定律：你不可以吃着碗里，还望着锅里，鱼与熊掌是无法兼得的。蒂娜既想要她所热爱的、有趣且富挑战性的工作，又想要升官发财，加薪、名望、权势，但她不可能全部都得到。

我们太庸人自扰，因为我们拒绝面对一个简单的事实：世事不可能尽如人意。我们日复一日作茧自缚、陷入苦恼，因为追求一个愿望，却造成另一个愿望无法达成，还拒绝调整自己接受这个事实。聪明人的做法是诚实面对这两种抉择的结果，清楚哪个目标才是他们更期望的，然后精心选择，睿智放弃。

穷人的金币

对饥饿的人来说，选择金钱可以拯救生命；对于贪婪的人来说，选择金钱等于自杀。

有一个哲人的故事：在一间很破的屋子里，有一个穷人，穷得连床也没有，只好躺在一张长凳上。穷人自言自语地说：“我真想发财呀，如果我发了财，绝不做吝啬鬼……”

这时候，上帝在穷人的身旁出现了，说道：“好吧，我就让你发财吧，我会给你一个有魔力的钱袋。”上帝又说：“这钱袋里永远有一块金币，是拿不完的。但是，你要注意，在你觉得够了时，要把钱袋扔掉才可以花钱。”

说完，上帝就不见了。在穷人的身边，真的有了一个钱袋，里面装着一块金币，穷人把那块金币拿出来，里面又有了一块。于是穷人不断地往外拿金币。穷人整整拿了一个晚上，金币已有一大堆了。他想：“啊，这些钱已经够我用一辈子了。”

到了第二天，他很饿，很想去买面包吃。但是，在他花钱以前，必须扔掉那个钱袋。于是，他拎着钱袋向河边走去。

他又开始从钱袋往外拿钱。每次当他想到把钱袋扔掉时，总觉得钱还是不够多。

日子一天天过去了，穷人完全可以去买吃的、房子和最豪华的车子。可是，他总对自己说：“还是等钱再多一些吧。”仍然不愿放弃那只钱袋。

他不吃不喝，金币已经快堆满一屋子了。同时，他也变得又瘦又弱，头发也全白了，脸色蜡黄。他虚弱地说：“我不能把钱袋扔掉，金币还在源源不断地出来啊！”终于，他倒了下去，死在了他的长凳上。

可悲！可叹！

欲望的锁链

生命之舟载不动太多的物欲与虚荣，在抵达彼岸时要学会轻载。

有一位禁欲苦行的修道士，准备离开他所住的村庄，到无人居住的山中去隐居修行。他只带了一块布当做衣服，就一个人到山中居住了。

后来他想到，当他要洗衣服的时候需要另一块布来替换，于是他就下山到村庄，向村民乞讨一块布当做衣服。村民们都知道他是虔诚的修道者，于是毫不犹豫地就给了他一块布，当做换洗用的衣服。

当这位修道者回到山中之后，发现在他居住的茅屋里有一只老鼠，常常在他专心打坐的时候来咬他那件准备换洗的衣服。他早就发誓一生遵守不杀生的戒律，因此不愿意去伤害那只老鼠，但是他没有办法赶走那只老鼠,所以他回到村庄中,向村民要一只猫来饲养。

得到了一只猫之后,他又想:“猫要吃什么呢?我并不想让猫去吃老鼠,但总不能跟我一样只吃一些水果和野菜吧!”于是他向村民又要了一头乳牛,这样那只猫就可以靠牛奶维生。

但是,在山中居住了一段时间以后,他发现每天都要花很多时间来照顾那头乳牛。于是,他又回到村庄中,找到了一个可怜的流浪汉,将他带到山中居住,帮他照顾乳牛。

那个流浪汉在山中居住了一段时间之后,跟修道者抱怨说:“我跟你不一样,我需要一个太太,我要正常的家庭生活。”

修道者想一想也有道理,他不能强迫别人一定要跟他一样,过着禁欲苦行的生活……

这个故事就这样继续下去,你可能也猜到了,到了后来整个村庄都搬到山上去了。

欲望就像是一条锁链,一个牵着一个,永远都不能满足。

《百喻经》里有一个故事:从前有一个猕猴,手里抓了一把豆子,高高兴兴地在路上一蹦一跳地走着。一不留神,手中的豆子滚落了一颗在地上。为了这颗掉落的豆子,猕猴马上将手中其余的豆子全部放置在路旁,趴在地上,转来转去,东寻西找,却始终不见那一颗豆子的踪影。最后猕猴只好用手拍拍身上的灰土,回头准备拿取原先放置在一旁的豆子,怎知那颗掉落的豆子还没找到,原先的那一把豆子却被路旁的鸡吃得一颗也不剩了。

年轻时,如果缺乏智能判断,而只是一味地投入,就像故事中的猕猴只顾及掉落的一颗豆子,到后来终将发现,所损失的竟是所有的豆子!那么,请想一想,我们现在的追求,是否也是放弃了手中的一切,仅追求掉落的一颗“豆子”?

在印度的热带丛林里,人们用一种奇特的狩猎方法捕捉猴子:在一个固定的小木盒里面,装上猴子爱吃的坚果,盒子上开了一个小口,刚好够猴子的前爪伸进去,一旦猴子抓住坚果,就抽不出来了。人们常常用这种方法捉到猴子,因为猴子有一种习性——不肯放下已经到手的东西。人们总会嘲笑猴子的愚蠢:为什么不松开爪子放下坚果逃命?但审视一下我们自己,就会发现,并不是只有猴子才会犯这样的错误。

因为放不下到手的职位、待遇,有些人整天东奔西跑,耽误了更远大的前途；因为放不下诱人的钱财，有人费尽心思，利用各种机会去大捞一把，结果常常作茧自缚；因为放不下对权力的占有欲，有些人热衷于溜须拍马、行贿受贿，不惜丢掉人格与尊严，一旦事情败露，后悔莫及……

生命如舟，生命之舟载不动太多的物欲与虚荣，要想使之在抵达彼岸时不在中途搁浅或沉没，就必须轻载，即只取需要的东西，把那些应该放下的“坚果”果断地放下。

让我们从猴子的悲剧中吸取一个教训，牢牢记住：该松手时就松手。

给爱空间

一个卷入不伦之恋多年的女子，迟迟不能走出这个对她来说已经是痛苦多于甜美的关系。她说：“我忘不了那些他曾经给过我的浪漫和深刻的爱。”

另一个女子的男朋友多次感情出轨。尽管她很痛苦却始终不愿分手，她说：“和他在一起这么多年了，要分手，我不甘心！”

当爱远走时，无论它发生在自己或者对方身上，放弃和放手都是唯一的出路。因为无法放弃曾经有过的美好感觉，无法放下曾经拥有的执著，就会让更多不美好的感觉压在自己的肩上。让自己和对方一起痛苦纠结，是否惩罚了对方这还是个未知数，但是自己绝对是被惩罚最深的一个。因为你剥夺了自己从现在重新开始享受快乐和幸福的可能。

放手让爱的人走，并不是一件容易的事。但是，这却是唯一的方法。否则，我们就会处在无尽的痛苦、气愤和沮丧之中。

所谓放弃和放手的艺术，并不单指在爱情消逝的时候。事实上，当爱情还在的时候，就懂得放手，这往往是更积极的方法。

从小到大，在每一段关系里，我们都是在寻找着一方面与人连接，一方面与自己连接的双向路线。也就是说尽管再亲密，我们也需要拥有自己的空间。无论是亲子关系、家人关系、朋友关系都是如此，爱情关系当然也不例外。如果失去了自我空间，我们很快就会觉得被束缚，觉得窒息、痛苦。

因此，当爱还在的时候，懂得放手，给爱一个空间，就是一件很重要的事情。其实，仔细而深入地思考一下，我们在相爱时如果仅仅要求双方粘在一起，往往是因为害怕，或缺乏安全感，或嫉妒，或要把自己生命的意义和重量交在对方身上，而不是因为爱。

放手，给爱以空间，就像纪伯伦在《闲置》中所说的："在你们的密切结合之中保留些空间吧，好让天堂的风在你们之间舞蹈。彼此相爱，却不要使爱成为枷锁，让它就像在你们灵魂之间自由流动的海水。"

有一个词叫"全身进退"。大概意思是指人不论在什么情况下，都能在付出的时候全心全意地投入，在离开的时候毫无牵挂地抽身。古人都知道，"吾不能学太上之忘情"，这种全身进退的理想状态，不知道在现实生活里，有几个人能做得到。现实里的情况是，我们往往在付出的时候不够彻底，总是有这样那样的顾虑，担心别人的看法，担心自己的眼光，担心现实里的矛盾，甚至担心一个无足轻重的细节的完美度。时间一分一秒过去了，百分百的热情似乎并没有像内心期待的那样出现过，它们都被消耗在了各种各样的顾虑里。所以到了最后，我们只能无奈地面对失败，后悔不应该有过多的顾虑。

在面对感情问题时，我们也往往在离开的时候，不能潇洒地掉头就走，而是一顾三叹，余情未了，在决定离开的第一秒钟里就开始痛恨或后悔。甚至是在以为自己早已全身而退的时候，却在一个似曾相识的地方或时刻里不可阻挡地想起那个人，而后觉得像被杀伤性武器击中，弄得泪流满面。

有人说爱的反面其实不是恨，而是淡漠。这真是一句真理。爱一个人的时候，情感都是激越的。他关心你，你便想以十倍、百倍的爱去关心他；他拥抱你，你便想以更多、更有力的拥抱去回应他；哪怕他是犯了什么错、有了什么失误，让你对他恨得牙痒痒时，你也想用尽全力狠狠去揍他、掐他、打他，而绝不是无动于衷地不理他。除非是爱到殚精竭虑，爱到心灰意冷，爱到彻底绝望，心中已经不再有灿烂的火花，甚至连那些燃烧过后的草木灰的温度也没有。这种时候，想不淡漠都难。从此对你形同陌路，对你的一切也不再有任何回应。没有余恨，没有深情，更没有心思和气力再做哪怕多一点的纠缠，所有剩下的只是无所谓。有一天，当发现对于过去的一切你都不再在乎，它们对你都变得无所谓的时候，这段爱肯定也就消失了。

所以，你要知道：恨你是因为爱你；淡漠你，是因为不再想记起你。

全身进退，意味着在爱的时候，你要用尽百分之百的感情对待对方，哪怕是争执，哪怕是吵闹，你也千万别不理对方。因为不理不睬意味着淡漠，意味着你的心里不再有对方的位置，意味着你们不再相爱。哪怕这种淡漠是你假装的，在假装淡漠的时候，你自己的心一定比对方的还要痛百倍千倍，因为你依然爱着。

全身进退，意味着在不爱的时候，你一定要毫不犹豫地放下对方，千万别回头，或是在夜深时分还想着发条短信安慰对方。你要知道，任何一点不干脆的情结，都会让对方像一个溺水的人一样拼命拉住你的衣襟，以为牵住了最后的希望，让你无法彻底离去，把曾经美好的感情都拖累成厌倦。

放弃心中的魔咒

精通下棋的人都会明白，对弈者往往全神贯注又彼此互不相让，有时争得脸红脖子粗，甚至出现掀翻棋盘又和好重来的场景，颇有某种象征意味。其实，下棋的过程和形式与婚姻有些相似。

婚姻若棋，对弈的永远是一男一女。两个人从相识到相爱，就是在茫茫人海中寻下棋对手的过程。当男女双方在鞭炮的祝福声中步入婚姻的围城，彼此的对弈就已经拉开帷幕。男人第一步棋就是如何讨得女人的欢心，并确定自己在社会家庭中的地位；女人的第一步棋则是怎样向自己所爱的人展现自己独特的魅力，让自己既美丽又动人。经过多次反复较量，彼此开始摸透了对方的棋艺。于是一些男人开始以守为攻，从奴隶晋升到将军；而一些女人则以攻为守，从主人变成仆人。

有一幅漫画，极其生动地再现了婚后男女心态的变化。婚前，一个男人晴天打着伞去追女人；婚后，一个女人雨天抱着孩子追赶着打伞的男人。这就是一盘棋的过程。

在对弈的过程中，有的女人往往故意让男人一招，然后乘其洋洋得意时，瞅好时机，将男人置于“死”地而后快；有的男人往往装糊涂，然后趁对方放松警惕时而奋力出击，一举“拿”下。在彼此较量的过程中，出现了成功的男人和女人，而其中的奇妙的却是，女人的贤惠为男人的成功架起一道云梯，而男人的无情则为女人的成功奠定了基石。

男女双方在对弈的过程中彼此改变和影响着对方，于是出现了这样的情景：堕落的男人身后往往有一个贪婪的女人，女人在对物欲的贪婪中，将配偶送进了牢房；成功的女人背后往往有一个愚蠢的男人，男人在对婚姻的伤害中，将配偶推上了令人瞩目的排行榜。婚姻若棋。在男女相互拼杀的过程中,往往会发生戏剧性的变化:当男人想征服女人时,自己却稍不留神成了手下败将;当女人想输掉一局时,自己却占了明显的优势。正所谓有心栽花花不开,无心插柳柳成荫。

有人在下棋的过程中相信智能,认为如何下好婚姻这盘棋至关重要;有人相信命运,认为是胜是败都无法预测。每一个人都无法避免或逃避这场令人瞩目的两性战争。在这场战争中,愚蠢者想速战速决,聪明者则力求打持久战。在你来我往的交战中,凡是相濡以沫的夫妻只有和棋而无赢家,因为放弃了胜负心,放弃了心中的魔咒。

换一粒纽扣

有一个痴情的女孩,当相恋了三年的男朋友因一次意外的车祸离开了人世后,就把情感世界封闭了起来,日夜所思所想的都是已故的男友。她经常穿着男友所送的鹅黄色套装,就好像他还没有离开过一样。

有一天,她不小心把这套衣服上的一粒扣子弄丢了。这可是绝无仅有的心形的扣子,象征着她的爱情。她还是舍不得这套衣服,可是只有一粒扣子怎么能穿呢?她伤透了脑筋。母亲劝她舍了剩下的扣子,重新买过。她听了母亲的话,找到了另外更加独特也配得起那件衣服的扣子,使衣服显得更加漂亮。丢弃一点残缺,反而能换回更加的美丽。女孩醒悟了,很快走进了属于她的新的感情世界。

人人都渴望美满的爱情,但现实总是那么残酷,与爱人生离死别、爱人的变心都将我们的爱情美梦打碎。这时爱成了一个陷阱,如果不果断放弃、不立即退出,那等待你的将是无尽的痛苦与黑暗。

不要为爱所累,勇敢一点,多向家人和朋友倾诉,减少我们的孤独感,让我们感受到爱。在清理了我们心灵空间之后,开始探索自我道路,把自己的人生翻到更美好的一页。

情侣的放弃原则

为了保证情感的和谐,多增加一些“放弃”原则吧。

(一)别带着怒气入睡

无论发生任何激烈的事——互相嘲弄、侮辱，你们在睡前一定要达成某些协议。这并不是说要言归于好，而是在关灯前同时扑灭大家的怒火。例如说："待明天大家都比较清醒的时候再解决吧！"然后给他一个拥抱再入睡。如此，争吵才不会无止境地继续，双方亦不会因此无法入睡。专家认为最好有机会在吵架前采用这个方法，达成共识。

"我与斯科通常在睡前就停止争吵。"任职护士的杰妮说，"否则不愉快的情绪会延续至第二天早上，到时就更难修补。现在我们都同意睡醒后再解决，但其实到了第二天我们已把这件事忘得一干二净。"

（二）摆出友善的姿态

你需要做点东西打破良久的敌对气氛，问问他是否想喝咖啡，或替他做一份三明治。专家说这些举动有助于消减你与他的怒气，让彼此再看到自己所爱的人。你若先做出和谈姿态，他必有所回应。任职律师的卡尼曾试用这方法："那次我与他吵架后，为他弄了杯咖啡，以示我已让步，这样他会回报一个紧紧的拥抱。"

（三）承担责任，作出道歉

若你在吵架时说了或做了一些具有伤害性的事，那便需道歉。这并不等于整件事都是你的错，只是表明你作出道歉，可打开真诚对话之门。既然你已迈出第一步，他也会静心聆听，即使他想道歉也不会觉得没面子。

"当时我冲口而出，说从未希望嫁给他。"30岁的金饰设计师珊蒂说，"那一次，我与丈夫经过一段时间才和好。现在但凡我说出一些难堪的话，我会立即道歉。当我们平静下来之后，便可理智地讨论问题。"

（四）休战

若是吵架的导火线是一些重要的事情，例如应否接受一份需到外地的工作，大家需要各自想想，随后再讨论。这些事件并不简单，往往需要衡量各种因素，做多番讨论才可决定。

"我和萨姆的爱情结晶即将出生，我想辞去工作，专心照顾婴儿。"28岁的莎丽说，"萨姆很担心收入减少会令我们的生活出现很大的转变，特别是他正想创一番事业。"萨姆和莎丽开始休战，他们同意每星期在专家指导下做一小时的讨论，而每星期日则讨论两小时。"当女儿出生的时候，我们已达成共识。我会做兼职，而萨姆则暂时搁置创业大计，直到我找到新工作为止"。

（五）别计较输赢

别执著要做胜利者，能够与爱侣言归于好才是真正的胜利。假如是你首先平息怒火，不妨说出来。若坚持抱着“不能先认输”或“要赢他”的心态，只会令一段美好的姻缘破裂。

29岁的琼曾有这样的经验：“每当我们争吵的时候，我总会翻男友曾做错的旧账，以证明我最了解他。但事实上永远坚持我是对的只会不断破坏我们的关系。”自此琼学会要放弃“永远要赢”的心态。

（六）别做沉默的羔羊

你希望他明白你愤怒的原因，若你一言不发，他又从何下手？专家认为对他不理不睬只会令你们的隔阂愈来愈深而不能令他了解你为何不快乐，更不会做出任何改变。

若是他对你不理不睬，你需直接问他：“请告诉我你为何不快。”假如他依然故我，可给他写一张便条，说你挂念他，想与他好好谈一谈。

（七）接受他的道歉

不断要求他道歉只会令争吵无休止的延续。专家认为说“对不起”的同时应表示将来会以不同手法处理类似的情况。“最初和劳拉同居的时候，吵架犹如家常便饭。”肯说，“我是个懒人，经常把屋子弄得一团糟。虽然我每次都会因此道歉，但劳拉总是喋喋不休地投诉。最后，我告诉她我无法尽数接受她的批评，而她则答应要是我尽力保持屋子整洁，她就不会再多说了。”

（八）爱的举动

专家认为只是低声说一句“对不起”是不够的，还需要做一些发自内心的事情，以表达你的爱意。

花一点时间让二人独处，可以散散步或享受烛光晚餐。专家认为这样可让大家明白平和关系比争吵更好，亦提醒彼此是深爱对方的，愿意解决任何难题。另一个把大家联系起来的方法是身体接触，如让两人双手紧握、轻抚背部等。

洗心

有一本书叫做《王阳明全书》，里面有一段记载说：有一个名叫杨茂的聋哑人，阳明先生不懂得手语，只好跟他用笔谈。阳明先生首先问：“你的耳朵能听到是非吗？”答：“不能，因为我是个聋子。”问：“你的嘴巴能够讲是非吗？”答：“不能，因为我是个哑巴。”又问：“那你的心知道是非吗？”只见杨茂高兴得不得了，赶忙回答：“能，能，能。”于是阳明先生就对他说：“你的耳朵不能听是非，省了很多是非；口不能说是非，又省了很多是非；你心知道是非就够了。”倒有许多人，耳能听是非，口能说是非，眼能见是非，心却还未必知道是非。

我们有很多的是非，都是听来的。人家第一句话就能叫你暴跳如雷，第二句话就能叫你泪流成河，那人家岂不成了导演，而我们也就当了演员。还有很多的是非，都是说出来的，所谓“病从口入，祸从口出”。就这两片薄薄的嘴唇，也会把人间搞得乌烟瘴气，鸡犬不宁。可见很多的是非都是听来的，都是说出来的。

你为什么那么痛苦，就是因为你太执著，看不开也放不下，自然把自己绑死了，不得解脱，若能看开了放下了就不至于如此。

如何创造幸福人生，为什么用“创造”这个词呢？

第一，不用“追求”，而用“创造”，是因为创造主权在我。要，就可以得到，而追求，往外追、往外求、万一追不到，求不得，烦恼还是要来的。

第二，不用“追求”，而用“创造”，是因为快乐幸福才是真的，学问好、名位高、财富多，也是为了快乐。假如家财万贯而不快乐，那个钱宁可不要，对不对？人人都有机会贪污，为什么大家都不想贪污？因为贪污就是取之不以道。道者理也，理得心安，理不得，心难安，所以就不要了。假使你拥有了一切，而丧失了自己，那还是非常的痛苦，这叫本末倒置、舍本逐末。所以快乐、幸福非常重要。

快乐是要自己快乐，让别人来分享你的快乐，是每天早上“垃圾车”来把“垃圾”全部带走。什么是真正的垃圾呢？怨、恨、恼、怒、烦，才是真正的“垃圾”。假若今天你把这些“垃圾”请“垃圾车”全部带走，那你今天就没有“垃圾”了。

以前有个人名叫商汤，他在洗澡盆里写了九个字：“苟日新，日日新，又日新。”商汤在洗澡的时候，外洗身，内洗心，所以他在洗完澡后“身心舒畅”。我们现在一般人洗澡，只洗身，不洗心，在洗澡的时候，还怨这个恨那个，这样不洗也罢。真正的洗澡，应该是外洗身，内洗心，把“身体”洗得干干净净。

不要有受虐心理

放下心里的包袱，敞开自己的胸膛，积极对待每一天和每一个人。

我们在现实中常常可以看到这样的情景：当一个人拎着沉重的东西登上公交车后东张西望地期待有人为他让座时，却往往没有人去理睬他；当一个人满头大汗抱着重物久久站立时，却会有人向他招呼道："请到这儿来坐。"

也许读者会很奇怪，同样是背负着重物的人，为什么他们却遭到不同的待遇呢？道理其实很简单。前者心存受害者意识，希望有人来同情他所处的境况，这反而引起了他人的反感；后者持有积极向上的态度，博得了他人的敬仰，于是给予了他及时的帮助。

从这一小小的例子，我们可以看到一个简单至极的做人哲学：我们应当放弃受害者意识。

有人说女性是弱者，很大程度上是指女性在生活、感情上容易受到伤害。

比如一个妻子发现丈夫有外遇之后，便开始哭哭啼啼，一副可怜的委曲样儿。说句实话，当丈夫看到妻子这副受害者的架势，反而更心存厌弃。因为在这个世界上，没有人喜欢懦弱的人。还有一种妻子干脆大吵大闹，寻死寻活地说："我是一个受害者！"这时她的丈夫多半不会及时回头，因为他的心里是很不情愿的。

如果处于当时境况的她放弃受害者意识，以一种自尊自强的形象出现在丈夫面前，她的丈夫又会怎么做呢？他一定不会像刚才那样心存厌恶，反而会滋生怜惜之情。只是懂得这种心理的妻子实在不多啊！

时下大都市里开通了不少情感专线，以便为感情上的迷惘者寻找到生活的支点。其中不乏感情上的受害者，但他（她）往往不是向主持人询问以后生活的方向，而是滔滔不绝地诉说着自己的受害经历，更有甚者一直哭哭啼啼地说上一个多小时。主持人也听得很累，这种方式极不可取。以一种极端受害者的形象来表现自己的痛苦，只会使自己变得丑陋，同时暴露出自己的无能与自卑，而且这也不能从根本上解决什么，改变什么。

再看两个不同心态的下岗工人给我们的启示。A君下岗后，觉得自己还不到退休的年龄，于是到处求职，终于觅得一份差事。平时，他出出黑板报、打扫打扫办公室，工资虽不高，却也做得有滋有味，得到了居民与干部的认可与好评。B 君自从下岗后，心里就很不平衡，天天闷闷不乐，逢人就念自己的苦经，发泄对社会的牢骚。久而久之，朋友们便不再上门，妻子也对他这副生活状态甚为反感。

如果你有两个这样的朋友，你一定不会与 B 君深交，因为他不是一个成熟的人。

现在的孩子娇生惯养，更是养成了与生俱来的受害者心理。在中国，一个三岁的孩子跌倒后，很委屈地大哭一阵，引起父母或旁人的注意，本能地希望有人扶他起来。这就是一种不健康的受害者心理。国外的父母一般不会去扶孩子，孩子哭够了，知道只有靠自己了，自然就会爬起来。让孩子有了这种童年时期的锻炼，他们长大后就不容易具有受害者意识，更为坚强独立。

看了上述不少例子，你是否有些感触呢？每个人都应该走好自己生命的每一步。只要你活着，就应该放弃受害者意识，敞开自己的胸膛，积极地对待每一天和每一个人。

第四章

舍与得之间

人生就是一个舍与得的过程。人在舍与得中得到历练,人的智慧、价值和人生的境界也都在舍与得中得到显现。舍得是哲学,也是艺术。舍得,得舍,何得?何舍?

松开手即拥有

有一个故事说，在一个暴风雨的夜里，你驾车经过一个车站。车站上有三个人在等巴士，其中一个是病得快死的老妇人，一个是曾经救过你的命的医生，还有一个是你长久以来的梦中情人。如果你只能带上一个乘客走，你会选择哪一个？

很多人都只选择了其中的一个选项，而最好的答案是："把车钥匙给医生，让医生带老人去医院，然后你和梦中情人一起等巴士。"

是因为我们从来不想放弃任何好处，就像那车钥匙？有时候，如果我们可以放弃一些固执、坚持，甚至是利益，我们反而可以得到更多。这里有很多关于取和舍的深层问题。

什么才是最难舍弃的，是道义，还是一段感情？

为什么不能抛开和牺牲一些东西，而去获得另一些永恒？

《卧虎藏龙》里李慕白对师妹说的一句话："把手握紧，什么都没有，但把手张开就可以拥有一切。"以退为进的道理谁都知道，可身体力行，还是困难的。

无论你的选择是什么，你注定会失去一些东西，也注定会在失去的同时获得一些东西。其实有时会得到什么、失去什么，我们心里都很清楚，只是觉得每样东西都有它的好处，哪样都舍不得放手。

其实不是那样的，没有在同一情形下势均力敌的东西。它们总会有差别和轻重。你得选择那个从长远来说更重要的东西。有些东西，你以为这次放弃了，就再也不会出现了，可当你真的错过了，它在日后仍然不断出现；有些东西，你以为暂时放过它，它还会一再出现，就像当初它来到你身边时那样，可真的一旦错过，它就是美景不再的回忆，就是日后无法回头的遗憾。

如果要是我们放弃的和想得到的都是好东西，那怎么办？那是因为我们太贪心。真的是这样，我们本质里都是贪心的，贪心常常蒙蔽真心。世界上不会有那么好的事，我们往往只能在某一时刻选择一样东西。"有所得必有所失"，也许这样才符合能量守恒的道理，也能显得老天比较公平。

我们无法看到未来将会是什么样子，但是应该明白自己的原则和底线。可以根据它们来做人生中的任何一次取舍，对自己既不委屈，也不纵容。而且很多事实与感情是经不起一再的错过与等待的，必须在适当的时候做出一个选择，而不是等到无可奈何花落去的时候再来体会那种悲凉。就好像，为什么一定要等到不再相爱的时候才说再见呢？

选择留给对方一个不再回头的背影，并不代表自己不想折返去拥有缠绵的拥抱；选择退出一个和对方厮守到老的结局，并不代表心里不想和对方一起实现这个梦想。就好像选择对方是因为爱，不选择对方也一定还是因为爱。得到的同时失去，却在失去的同时也得到别样的永远。

三国中的进退

“进不可御，退不可追”，是古人追求的战略境界。三国时代，各种势力盘根错节，对立双方势均力敌。如果决策者们稍有不慎，陷入绝境，则难以自拔。进退之际，如履薄冰，如临深渊，地狱之门就在脚下，熊熊烈火尾随身后。

三国韬略家运用进退韬略，除了遵循“见可而进，知难而退”（《左传?宣公二十年》），“力能则进，否则退，量力而行”（《左传?昭公二十年》）等原则外，还做了大量发挥和积极的探索。

第一，在进与退的取向上，总结了不少有益的原则。决定进的依据是利、机、虚、需。见利而进，已成为当时十分明确的共识。东汉王朝的崩溃已成定局之际，各路英雄豪杰见有利可图，奋起而进。东吴在曹操大军逼近的情况下，大臣求和，君主狐疑，孙权经智囊们点拨，终于明白事理，见利而进，取得了赤壁之战的胜利。至于袁绍不乘曹操东袭刘备之际发兵南下；刘备拥兵自重，不乘曹袁官渡之战时北上，都是对于大利视而不见，等到对方腾出手来，则被动挨打，悔之已晚的战例。见机而进、见虚而进、见需而进等原则，都是对以往见利而进的具体推衍。与进的依据相反，决定退的依据是害、实、强、劲。所谓的识时务者为俊杰、知难而退、适可而止、避实就虚、避锐击惰等，均为退的原则。

第二，深入挖掘进与退的内在联系和辩证关系，发挥退的积极性，以退为进，保持主动。曹操赢得官渡之战后，袁绍之子袁尚、袁熙统领数千人马投奔公孙康。公孙康担心曹操攻击辽东，怕自己难以抵抗，便收留了袁氏兄弟。后来曹操征服乌桓，逼近辽东。有人建议急攻辽东，以便铲除隐患，而曹操以缓为进，使公孙康杀掉袁氏兄弟。曹操深知“急之则合，缓之则离”的韬略，利用征服乌桓的神威和公孙康担心袁氏兄弟将危及自己地位的心理，发挥退的特殊作用，消除对公孙康的压力，以增加、突出袁氏兄弟久居辽东，鹊巢鸠占的矛盾，移花接木，借刀杀人。如果遇到必须要退的情况，韬略家们并不简单地做出退却的决定，而是采用两种方式：其一是主动退却。蜀汉建兴六年（公元 228 年）冬，诸葛亮出散关围陈仓，曹率兵相拒，诸葛亮因粮草短缺，主动退兵。其二是以进为退。嘉禾五年（公元236）孙权北征，派遣陆逊与诸葛瑾攻打襄阳，陆逊让亲信韩扁送信给孙权，建议退兵。韩扁在返回途中被捕，诸葛瑾担心泄露军事机密，急催陆逊退兵。而陆逊则不动如山，安闲如常，并认为受命防守战略要地不能示退，装出进军姿势，然后退兵，表现了高度的韬略家素养。

第三，在行动中改变进退的态势，使敌方猝不及防，被动挨打。诸如声东击西、先纵后擒、欲战姑和、回马枪……都是突然改变进退，取得奇效的。

第四，将“进退”韬略运用于政治、外交、人生等各个领域，大大强化了进退韬略的使用价值。

第五，将“进退”韬略纳入总体目标的轨道，赋予其政治、经济、军事、外交的总体意义。进与退的决策，不再被视为孤立的一项指令或措施，而是全局中的局部，整体中的个体。曹操西进攻击董卓的倡议，政治上收“兵以义动”、“以顺诛逆”的美名；军事上，“全制其险”，“示天下形势”，占据主动地位；外交上，联络关东联军；经济上，一决而胜，减少军事费用。只因各派势力目的不同，曹操的方案未能施行。刘备西进，政治上打着“恢复汉王室”的旗号，军事上能占据一方为基地。孙权、周瑜的完全占据长江计划，西进荆、益方案，亦为全局中之关键性一步。至于退的情况，从前述的史实，自可见其总体上的意义了。

三国时代，那些未能遵循“进退”韬略的原理，妄进盲退，后果是极其严重的，例子也是大量存在的。决定进或退，是走向成败的关键。进有进的路线，退有退的轨迹。诸葛亮隆中路线经关羽失荆州的挫折，蜀汉的国运终不能昌盛。只有认清社会历史的发展趋向，把握哲理、事理、心理才能真正把握“进退”韬略。

三国时期，那些成功的决策者，总是从长远的眼光出发，决定进退。进退的最终效果往往与决策者的远见卓识密切地联系在一起。董卓、吕布、袁绍、袁术等许许多多将帅君臣，进退失措，折戟沉舟，身败名裂，贻笑万年。相反，那些伟大的韬略家识力超群、目光如炬，一进一退往往与整个时代形势、社会趋向相结合，所以，由弱而强、由寡而众、由小而大，步步发展，一路辉煌。他们在进退之际，能绕过误区，避开盲点，将地狱之门留给对手，将熊熊烈焰烧向敌方。

幸福全在选择与放弃

造成自己心理障碍并影响一个人的幸福的，有时并不是物质的贫乏或丰裕，而是一个人选择与放弃的心境。如果把自己的心浸泡在后悔和遗憾的旧事中，痛苦必然会占据你的整个心灵。

一位精神病医生有多年的临床经验，退休后撰写了一本医治心理疾病的专著。这本书足足有一千多页，书中有对各种病情的描述和药物、情绪治疗办法。

有一次，他受邀到一所大学讲学。在课堂上，他拿出了这本厚厚的著作，说："这本书有一千多页，里面有治疗方法三千多种，药物一万多样，但所有的内容只有四个字。"

说完，他在黑板上写下了："如果，下次。"

医生说，造成自己精神消耗和折磨的莫不是"如果"这两字，"如果我考进了大学"、"如果我当年不放弃她"、"下次我不会放弃所爱的人"……

钱钟书在《围城》中讲过一个十分有趣的故事。天下有两种人：譬如一串葡萄到手后，一种人挑最好的先吃；另一种人把最好的留在最后吃，但两种人都感到不快乐。前者认为他的葡萄越来越差，后者认为他每吃一颗葡萄都是吃剩下的葡萄中最坏的。其原因在于，第一种人只有回忆，他常用以前的东西来衡量现在，所以不快乐；第二种人刚好与之相反，但同样不快乐。

为什么不这样想：我已经吃到了最好的葡萄，有什么好后悔的？我留下的葡萄和以前的相比都是最棒的，为什么要不开心呢？

这其实就是生活态度问题，它决定了一个人的喜怒哀乐。如果一生不懂得去选择，也不懂得去放弃，那一辈子就永远没有快乐。

上网聊天得到什么

在现实生活当中，我们做任何事情都会不自觉地考虑其最终的结果会是什么：是得到的多，失去的少呢？还是与之相反？

鉴于每个人对生活、人生、幸福、得失等的理解不同，也就会有因人而异的衡量得失的不同尺度。无论大家的衡量标准是如何的不同，有一点却是相同的，即得到的最好多于失去的。

现在网络已经走进千家万户，连刚刚会走路的小孩子也开始上网找寻他们的快乐了。纵观所有的上网者，其中人数最多的是年轻人，而占比例最大的又当然是学生（当然是大学生占多数）。

常常有网友这样感叹："上网真的浪费了我太多的时间、金钱、精力乃至感情，就连学业也荒废了……"在网上也几乎天天都听到有网友在说："我要离开聊天室不上网了，上网浪费了太多的时间和金钱……"也有的说："网络真的很害人，让我吃睡不香，干什么都没有心思，一心只想上网和朋友们聊天、到各个网站上找自己感兴趣的东西……"特别是那些有过网恋最终又以失恋而告终的人，大部分在抱怨网络令他们付出了太多、失去了太多，而最终却什么也没有得到，留下的只是一份伤心、失落。痛苦和遗憾的同时，也会发出痛苦的呐喊："我这一次是真的要戒网了！网络带给我太多的痛苦和无奈，也浪费了我太多的感情！"

可是，好好想一下，你真的什么也不曾得到吗？和好友聊得热火朝天时的兴奋、在网上不必伪装尽情放松自己的欣喜、通过网络跟任何一个在生活中也许永远也不可能相遇的人成为知己时的欣慰、想念某一个网友却真的在某一个可以聊天的地方相见时的那份激动和喜悦……这些难道不是你曾经在网上所拥有的吗？

有一个商人，他的一番话以及他所表达出来的观点，对我们有很大的启迪。他说："对于朋友而言，如果太计较个人的或是小小的得失，他（她）将很难有真正的好朋友或是知己。作为一个商人，如果太计较眼前的金钱或是利益的得失，他（她）就很难真正地、长久地成为一个成功者。"他还说："我做生意，常常会把一些跟我的生意不相干的业务介绍给我的客户，或是把因为我自己太忙而做不完的业务给我的同行去做。这在别人看来很傻，哪有把自己的生意让给自己的竞争对手做的？可是，他们却不知道当我在帮别人时，当我看似失去了赚更多钱的机会时，我其实是在帮我自己。一旦得到过我帮助的客户有了一笔跟他不相干却对我生意有利的业务时，他就会把这笔生意介绍给我来做；一旦我的同行也有做不完的业务而我却没有业务时，他同样想到要帮我一把。这就是所谓的'种瓜得瓜，种豆得豆'了……"这看似很平常的一番话却让我们觉得这位商人是多么的有智慧、有个性。他的成功正是在于他懂得怎样衡量得与失。

其实，得和失是相辅相成的。任何事情都有正反两个方面，都是相对而言的。也就是说，得与失是同时存在的，是一对相对立的关系，也是永远相联系的一对关系。在你认为得到的同时，其实在另外一方面肯定有一些东西会失去，而在失去的同时也一定会有一些你意想不到的收获。

做人也是一样。大家有缘相识相交，本来就是一种很难得的缘分。只要大家合得来，且处得开心，那么就不必太计较自己是不是付出太多或得到太少。就算是真的付出太多而得到太少，最起码我们心里可以很坦然。

况且，有许多表面上看起来是得到的，说不定也正是失去另外一些东西的前因呢。

得和失是永远并存的，是一对永远也分不开的亲兄弟，关键是你如何把握住机会，如何正确看待得和失这一辩证关系，让自己在失去的同时得到比失去的更多、更好的东西。

在放弃中获得

有位记者曾经采访过一位事业上颇为成功的女士，请教她成功的秘诀，她的回答是"放弃"。她用她的亲身经历对此作了最具体生动的诠释。为了获得事业成功，她放弃了很多：优裕的城市生活、舒适的工作环境、数不清的假日、身体健康、生命安全……

有时，当提议朋友们一起聚会或集体旅游时，我们常常会听到朋友类似的抱怨：唉，有时间时没钱，有钱时又没有时间。其实，人生是不存在一种很完满的状态的，你只能在目前的情况与条件下做出你自己的决定。选择不能拖欠，也许当你想着等待更好的条件时，你已经错过了选择的机会。

该放弃时一定要放弃。不放下手中的东西,你又怎么会拿起另外的东西呢?天道吝啬,造物主不会让一个人把所有的好事都占全的。鱼与熊掌不可兼得,有所得必有所失。从这个意义上说,任何获得都是以放弃为代价的。人生苦短,要想获得更多,自然就必须放弃更多。不懂得放弃的人往往是不幸的。曾听朋友说起过他们单位的一个女人的故事,其人年逾不惑仍待字闺中。不是她不想结婚,也不是她条件不好,错过幸福的原因恰恰在于她想获得太多的幸福,或者说,她什么也不肯放弃。对于才华平平者她不屑一顾,有才无貌者她也看不上眼,等到才貌双全了,地位低微又使她的自尊心和虚荣心受到极大的刺痛……有没有她理想中的白马王子呢?也许有,但我猜想,那一定是在天上而不在人间。

每一次默默地放弃,放弃某个心仪已久却无缘分的朋友,放弃某种投入却无收获的事,放弃某种心灵的期望,放弃某种思想,这时就会生出一种伤感。然而这种伤感并不妨碍我们去重新开始,在新的时空内将音乐重听一遍,将故事再说一遍。因为这是一种自然的告别与放弃,它富有超脱精神,因而伤感得美丽!

曾经有种感觉,想让它成为永远。过了许多年,才发现它已渐渐消逝了。后来悟出:原来握在手里的不一定就是我们真正拥有的,我们所拥有的也不一定就是我们真正铭刻在心的!继而明白人生很多时候需要一种宁静的关照和自觉的放弃。

世间有太多美好的事物、美好的人。对没有拥有的美好,我们一直在苦苦地向往与追求。为了获得,忙忙碌碌,真正的所需所想往往要在经历许多年后才会明白,甚至穷尽一生也不知所终!而对已经拥有的美好,我们又因为得而复失而存在一份忐忑与担心。夕阳易逝的叹息、花开花落的烦恼,人生本是不快乐的!因为拥有的时候,我们也许正在失去,而放弃的时候,我们也许又在重新获得。对万事万物,我们其实都不可能有绝对的把握。如果刻意去追逐与拥有,就很容易受到世间万物的羁绊继而失却自我,人生那种不由自主的悲哀与伤感会更加沉重!

所以生命需要升华出安静超脱的精神。明白的人懂得放弃,真情的人懂得牺牲,幸福的人懂得超脱!当若干年后我们知道自己所喜爱的人仍好好的生活,会更加心满意足!“我不是因你而来到这个世界,却是因为你而更加眷恋这个世界。如果能和你在一起,我会对这个世界满怀感激;如果不能和你在一起,我会默默地走开,却仍然不会失掉对这个世界的爱和感激——感激上天让我与你相遇与你别离,完成上帝所创造的一首诗"!生命给了我们无尽的悲哀,也给了我们永远的答案。于是,安然一份放弃,固守一份超脱!不管红尘世俗的生活如何变迁,不管个人的选择方式如何,更不管握在手中的东西轻重如何,我们虽逃避也勇敢,虽伤感也欣慰!

到这时我们才明了,有一种美丽叫做放弃。我们像往常一样向生活的深处走去,我们像往常一样在逐步放弃,又逐步坚定!

有舍才有得

外在的放弃让你接受教训,心里的放弃让你得到解脱。

有这样一件有趣的事:小张曾经和女友做了一个小测验,说如果同时丢了三样东西:钱包、钥匙、电话本,你最紧张哪一样?女友毫不犹豫地选择了电话本,而小张毫不犹豫地选择了钥匙。答案说,女友是一个怀旧的人,小张是一个现实的人。

后来他们分手了。女友的确总被过去纠缠得不快乐,一段大学时代未果的爱情至今还让她念念不忘,而小张早已为人夫,为人父。女友的心停在了过去,一直后悔当初没有坚持到底,因此错过了那个深爱的人。小张问女友:"还可以挽回吗?"她摇摇头。他说:"那为什么不放弃?"她无奈地说:"放弃不了。"他说:"其实是你不想放弃。"

中国有句古语说:"苦海无边,回头是岸。"偏偏有人就执迷不悟,因此烦恼都是自寻的。

还有一个女孩,四年前在女友的宿舍玩,一念之差想偷屋里的一副耳环,后来被耳环的主人识破。女孩羞愧难当,自此离开家乡,再也没回去过。

人生有些错误是无法挽回的,有时,需要你付出代价,这个代价就是放弃。外在的放弃让你接受教训,心里的放弃让你得到解脱。生活中的垃圾既然可以不皱一下眉头就轻易丢掉,情感上的垃圾也无须抱残守缺。

不要总想着挽回,有时人生需要放弃。

放弃是一门艺术。在物欲横流的今天,既需要你作出选择,而更多的则是放弃。与其说是抉择得当，不如说是放弃得好。人生苦短，要想获得更多，就得放弃更多。那些什么都不放弃的人，是不可能有多少获得的。其结果必然是对自身生命的最大的放弃，让自己的一生永远处在碌碌无为之中。

放弃是一种让步，让步不是退步。让一步，避其锋芒，然后养精蓄锐，以便更好地向前冲刺。

放弃是量力而行。明知得不到的东西，何必苦苦相求，明知做不到的事，何必硬撑着去做呢？

放弃需要明智。该得时你便得之，该失时你要大胆地让它失去。有时你以为得到很多时，可能失去了很多；有时你以为失去了不少，却有可能获得许多。不以得喜，不以失悲。尽自己最大的努力去做，管它花开花落，云卷云舒。

大舍大得

一位伟大的圣者曾经告诉我：放下更多自我的时候，许多大智慧就能自然而出。能舍才能得，是这个宇宙中的真理。但是现代社会中却有很多人不想舍，只想得，结果就只能在生、老、病、死的苦海中随波逐流。因此，在现实生活中懂得舍弃就是一项非凡的智慧。

两千五百年前，一个世界上最幸运、近乎完美的人离开了他的宫殿、花园、亲人、美色、权势和国家。为了寻找解脱生、老、病、死之道，他舍弃了他所拥有的一切。那时，他不仅是一个拥有辽阔国度的威仪万方的年轻君王，还是一个丈夫，他的妻子有着最美丽的容貌和品德；也是一个父亲，他的孩子聪明可爱、尚在幼年。他的生活，在世人看来，圆满得像中秋的明月，像童话中的珍珠。可是，他的心却无法在这些胜景、甜蜜中满足。

这个人就是释迦牟尼佛。他踏上了一条寻求真理之路。他愿意以自己的血肉之躯，来冲破这黑漆、阴冷的茫茫长夜。他想点一盏智慧的长明灯，照亮那些在尘世中盲目挣扎的人们，温暖他们虚妄而悲凄的灵魂。他下定决心完全抛弃自我，舍弃一切。

在一个宁静的月夜，他离开了天堂般辉煌的王宫，一个车夫和一辆马车在门外无奈地奉命等候着他。

从此，他就踏上了一条超越生死、普度众生之路，没有再回过头来看一眼他的皇宫。那一年，他 29 岁。随后的六年，他受尽一切磨难，但他的信念从未动摇过。终于有一天，他来到一棵郁郁苍苍的菩提树下，结跏趺坐。他发誓：不悟得道，绝不离此座！他在树下坐了七七四十九天，苦思冥想，进入禅定。

终于在一个曙光初透的黎明，他的仁德、智慧、勇气、经受了无数的考验、诱惑，像太阳一样迸射出万丈光芒，源源不断，生生不息——他参悟真相，获得正觉，得道成佛。

就在当今，也有许多洞悉了宇宙真理的修炼人，为了坚守崇高的信仰、拯救被谎言欺骗了的世人，义无反顾地舍弃了他们原来拥有的财富、事业、学业，甚至他们宝贵的生命。

高尚的人格与一般世俗的人情世故是相反的。世人无不追求荣华富贵，可是他们舍弃了；世人无不贪恋欲望温情，他们舍弃了；世人无不执著自我利欲，他们舍弃了。他们从此无牵挂，无执著，无畏惧，无欲无求，无往不胜。

其实，所有的奥秘就是舍弃自我，懂得舍弃就是一种大智慧。世人都想抓住已经到手的物质财富，但是他们抓住的只是欲望而已。

欲望空虚如火，时时都在燃烧。那欲望的结局就是一堆冰冷的灰烬。舍弃才是扑灭虚火、脱离苦海、走向自由的唯一道路。

不舍不得

从前，某处住了一位单身汉。他希望在有生之年，能得到真正的幸福，哪怕只有一次也好。于是，他日复一日地向神灵祈祷。他的诚意终于得到了回报。

某夜，突然传来一阵敲门声。“奇怪，这么晚了会是谁呢？”他虽然觉得纳闷，但依然把门打开了。

门外站着一位名叫“吉祥”的幸福女神，他兴高采烈地请她赶紧入内。可是，美丽的幸福女神却指着她身后的另一位女子说：“等一下，这是我的妹妹，我们是一起出来旅行的。”

他惊讶地看着这位奇丑无比的女子，疑惑地问吉祥：“真的是你的亲妹妹吗？”

“是呀，我刚才不是已经介绍过了吗？她是不幸女神黑耳。”

他听了之后连忙说：“请小姐进屋里来坐，不过，还是请令妹先回去。”

“真是岂有此理！我们不论走到哪里，都是在一起的，我怎么可以单独留下来呢！”

他犹豫着，不知如何是好。于是吉祥说道：“若有不便，我们只有告辞了。”

最后，他不知所措地望着姊妹两人离去的背影。

人生苦短，要想获得更多，自然就必须放弃更多。获得是以放弃为前提的，不懂得这个道理的人往往是不幸的。

伽利略的小舍与大得

16 世纪初，有很多科学家都面临着困难的处境，意大利天文学家及数学家伽利略也面临同样的困难。有时候，他把自己的发现和发明当做礼物送给当时最重要的赞助者，以便他们能得到资助。然而，不管发明多么伟大，这些赞助者通常都是送他礼物，而不是现金，因此他常常没有安定的生活。

1610 年，他发现了木星周围的卫星。这一次他把这个发现呈献给麦迪西家族。他在寇西默二世登基的同时宣布，从望远镜中看见一颗明亮的星星（木星）出现在夜空上。他表示，卫星有 4 颗，代表了寇西默二世与他的三个兄弟，而卫星环绕木星运动，就如同这 4 个儿子围绕着王朝的创建者寇西默一世一样。将这项发现呈献给麦迪西家族之后，伽利略委托他人制作一枚图案——天神来比特坐在云端之上，四颗星星围绕着他——徽章献给寇西默二世，象征他和天上所有星星的关系。

1610 年，寇西默二世任命伽利略为其宫廷哲学家和数学家，并给予全薪。

对一名科学家而言，这是人生中最辉煌的岁月。伽利略四处乞求赞助的日子终于结束了。

伽利略仅靠一个简单的举动就摆脱了以前四处求乞的日子。理由很简单:贵族们实际上并不关心科学和真理,他们在意的是名声与荣耀。人们都希望自己看起来比其他人更为显赫出众，伽利略就将他们的名字与宇宙的力量联系起来以满足他们的虚荣。伽利略的策略让这些贵族们觉得自己不只是在做提供财源这样简单的工作，而是让他们觉得自己富有创造力并权倾一世,甚至比以前创造的伟业更崇高。

也许有人会认为伽利略过于逢迎这些贵族，而失去了作为一名科学家应具有的品质。但是,科学家也不能逃避生活的反复无常,他们也需要有足够的经济支撑。如果仅仅用一个小策略就能获得更多的支持,又何乐而不为呢?

吕不韦的投资

在舍与得之间权衡利弊,为的是用较小的舍换取最大的得。这也可以说是一种投资行为。而说到投资,恐怕古往今来无人能比得上战国时期的赵国商人吕不韦了。吕不韦之所以能赚得盆满钵满,是因为他舍得在子楚身上花钱。

子楚是秦孝文王的儿子,被作为人质送到了赵国。他在当地的生活并不宽裕,不方便乘车,居所也很狭小,住得很不舒服。

当时吕不韦正在邯郸做生意,见到子楚后,就打起了他的主意,认为子楚是一个可以囤积起来、留待日后发财的宝贝。于是他就前去拜见子楚,说:“我可以帮你光大你的门户。”

子楚听后笑着说:“你还是先光大你自家的门户，然后再来帮助我吧!”吕不韦说:“你有所不知,我家的门户要等你家的光大了之后才可能光大。”

子楚听懂了吕不韦话中隐含的深意,于是忙请他坐下来细谈。

吕不韦说:“现在的秦王已经年迈体衰了,安国君被封为太子。我听说安国君十分宠爱华阳夫人,而华阳夫人自己没有生育。所以,将来决定立谁为王室继承人的大权就握在华阳夫人手中。现在你们兄弟有 20 多人,你排行在中间，并不怎么受到宠爱，还长时间地作为人质被送到别的国家。所以等到秦王去世,安国君继承王位之后,你根本没有资本与长子和其他那些整日围绕在安国君身旁的兄弟们竞争，被立为太子的机会很小。”

子楚说:“是这样的。那我应该怎么办呢?”

吕不韦说:“你的生活清贫,又是客居在这里,所以没有资财可以用来奉献给双亲或是结交朋友。我虽然也不是很富有,但仍愿资助你一笔财产,以便你回到秦国讨得安国君和华阳夫人的欢心。这样你就有机会被立为太子了。”

听后子楚连连叩谢,说:“如果一切真如您所说,那么等我成了秦国国君之后一定把秦国的土地与您共同分享。”

在大商人吕不韦的资助和帮助下,子楚后来真的即位为王,即秦始皇的父亲秦庄襄王。当然,吕不韦的“生意”就做得更大了:子楚当上秦国国君后,他受封为闻信侯,担任秦国的相国。

石油大王的失与得

美国石油大王洛克菲勒,在资本原始积累时期,为了聚敛财富,使很多企业破产倒闭,又使很多人倾家荡产!他以追逐金钱为人生最大的快乐,赚了很多的钱,同时也收获了无数人的仇恨。

退休后的洛克菲勒,生活在深深的悔恨和愧疚之中。在经过痛苦的反思之后,他终于明白了金钱并不等于快乐。他决定将慈善事业作为自己晚年的追求。他先捐献给美国普通教育委员会 1000 万美元,一年后又追加了 3200 万美元,在南方兴建了 1600 多所中学。当南方深受钩虫病侵害时,他拿出 100 万美元成立洛克菲勒卫生委员会,使钩虫病得到了控制。

为了开创一项永久性慈善事业,他组建了洛克菲勒基金会。基金会成立后,曾资助医疗人员向世界范围内的流行病进攻,包括疟疾、黄热病等;后来,还在中国创立了协和医院。晚年的洛克菲勒追求慈善事业,不再沉迷于聚敛财富。他喜欢与朋友打球、聊天,喜欢教育子孙,享受天伦之乐的同时经常向路人施舍金钱。他在这样的晚年生活中,终于找到了迷失已久的快乐。

舍剑得友

春秋时期吴国有个贤士叫季札。一次,他出使路过徐国,顺便去看望老朋友徐君。徐君见他佩戴着的剑十分精美,就十分喜爱,但又不好开口要。聪慧的季札怎会不知徐的心意呢,但想到他需这把剑出使佩戴,也就没说明。等到季札出使回来,想把剑送给徐君时,徐君已去世了。季札异常悲伤。他解下剑,将剑放在徐的墓前。他的随从感到奇怪,就问:“徐君已死,你干吗白浪费一把剑呢?”季札说:“徐君在世时十分喜爱此剑,我也想把它送给他。现在,他去世了,我一定要把剑给他。”这件事慢慢传开去了,大家纷纷赞扬季札是个讲信义的人。许多人不辞辛劳千里迢迢来和他交朋友。

徐君人已经死了,季札完全可以不牺牲那把剑。况且,徐去世了,也不可能得到剑,这种看似一种愚笨的吃亏,实是一种大智若愚的作法。结果证实,季札虽失去一把剑,却得到许多贤能的朋友。

温州人的别样思维

穷人认为做生意就要想着怎样赚钱,能赚一块是一块,只要是自己的利益,就要据理力争。

温州人则认为做生意不能老想着自己赚钱, 能赚 10 块钱的生意,赚 6 块钱就行了。其他 4 块分给别人赚,要舍小我求大我。这样,别人在赚钱的时候也会想到你,你的赚钱机会就会越来越多。

做生意就要想着怎样赚钱,这话一点都不假。但是,怎样赚钱却是有门道的。有些人眼睛总是盯着钱,总是想得到最大的利益,结果往往得罪了顾客,气跑了客户,影响了以后的生意,这真是因小失大呀!

温州人的想法却不一样,在他们看来,做生意看重的是长远,钱是赚不完的,要考虑给自己留下良好的口碑和信誉,让生意主动来找自己,这样就不怕没有生意可做了。正是由于有了这种想法,温州人在面对明明是吃亏的事情时,总是能够站得高、看得远,把吃亏当成是一种投资,当成是一种经验。

宁波大世界集团有限公司董事长、宁波温州商会会长陈正光讲他第一次做生意，原本说好 4000 斤的比目鱼干，拿货回来重称一下，才知道只有 1900 斤，被人骗了。

一次生意就被人骗了 2000 多斤，这是许多人都无法接受的。但是，陈正光却想得很开。他认为，做生意，上当受骗、吃亏损失都是很正常的。只要自己汲取经验，着眼于长远发展，就当交点学费学习做生意的方法，这也是合算的。

他说："有些地方我都吃亏了。用一句宁波话，吃亏就是上算(合算)。从这个角度来说，因为我们前面做过很多的事情，不管是失败还是吃亏，我觉得，都是合算的。"

美国耐克公司创始人菲尔?耐特说过："有时候，能吃亏就是福，会忍退就是成功。"许多温州商人深谙其中的道理。

上海安信地板有限公司董事长卢伟光也是一个敢于吃亏的人。凭借自己独到的眼光，卢伟光用自己的利益换取了现在的发展。

2001 年，卢伟光在巴西做了一次赔本生意。这在许多人眼里是不可思议的，但是卢伟光却并不这么认为。他说："我早就听到了亚马逊丛林的召唤，那些木头是有生命的，有细胞，会呼吸，还会说话。"为了木头，卢伟光真是付出了很多。

2001 年春节前夕，因为市场被普遍看好，很多亚洲商人都增加订货量。但春节将至，绝大部分装修工程在那时候都停工暂歇，没人买货。这样，商家手头的现金一下子窘迫起来。

就在这个时候，印尼盾暴跌，1 美元本来兑换 8500 印尼盾，一下子跌到了 1:13000。大部分供应商都转向印尼采购，而停止从巴西采购。

当时的卢伟光也非常犹豫：如果按照原来合同中规定的汇率从巴西订货的话，自然能够赢得巴西人的尊敬和喜爱，今后就能够得到更优惠的价格。但贷款利率加上汇率损失，折合起来要亏损 1700 多万元人民币，这几乎是当时卢伟光一整年的利润。可是如果毁约的话，自己这 3 年在巴西辛苦经营的渠道和信誉都要毁于一旦。

怎么办呢？要做这个决定实在太困难了。

当时的卢伟光敏锐地意识到，未来两三年中国的房地产业必然还会发展，自己是有机会把这笔钱赚回来的。尽管面对这笔巨额的损失，卢伟光无法确定自己需要多久才能赚回来，但是最终他还是把钱打到对方账户上了。

“我平时很少向人家借钱。但那个时候，时间很紧，我叫我太太和我弟弟飞回温州，一天借到一百万现金，用一个麻袋装着飞到上海，按时付清了木材款。”他说。

卢伟光认为，就像森林里的树木一样，一年长一个轮儿，所有的事物也都有周期。这是该做的事，不得不亏的钱。整个中国的房地产业正处于高速发展期，今后两三年只要保持增长，这个成本我承担得起。

风波之后，卢伟光总共损失1500万元，但“上海安信讲信用”的消息很快传遍巴西业界。卢伟光的友善、真诚获得了丰厚的回报，150多个原木锯材厂与他建立了深厚的友情，甚至连当地的印第安人都成了他的好朋友。卢伟光在回想当初的决定时，感慨地说：“现在回想起来还算幸运，因为当年绝大部分经销商都宁愿选择毁约，以避免这笔损失。而我，不仅仅给供应商带去了资金，也确立了自己在巴西良好的名声，其他供应商也都倾向于给我供货。”

作为安信公司董事，卢伟光的妻子陈沾说：“伟光认为信誉是最难建立的，钱是次要的。他一般不会计较人家压价，他只在乎供货质量和数量。我就数落他怎么这么笨！不过，人家可能以为他比较傻，都愿意跟他合作。”

是的，在生意场上，有时候要难得糊涂，不要过于斤斤计较。许多人最怕与过于精明的商人合作，因为生怕自己会被利用，会吃亏。如果你是一个不在乎吃眼前亏，而重视长远发展的人，人们就愿意与你合作。

如今商业经营活动实际上是一种人与人之间的智力较量、谋略较量。而吃亏与否实际上就是一种商业上的深谋远虑。商业俗语说，“钓鱼需长线，有赔也有赚”。对于生意场上的得失，一定要站得高，看得远，千万不要“只见锥刀尖，不见凿头方”，只顾一时的利益，失去长远的利益。

不计较蝇头小利

有一条汽车线路，是从小港口开往火车站的。不知是因为路程短，还是沿途人少的缘故，客运公司仅安排了两辆中巴来回对开。

开 101 的是一对夫妇，开 102 的也是一对夫妇。

坐车的大多是一些船民。由于他们长期在水上生活，所以，一进城往往是一家老小。101 号的女主人很少让船民给孩子买票，即使是一对夫妇带几个孩子，她也只要求船民买两张成人票。有的船民过意不去，执意要给大点的孩子买票，她就笑着对船民的孩子说："下次给带个小河蚌来，好吗？这次让你免费坐车。"102 号的女主人恰恰相反，只要有带孩子的，大一点的要买票，小一点的也得买半票。她总是说这车是承包的，每月要向客运公司交多少多少钱，哪个月不交足，马上就干不下去了。

船民们也理解，几个人就掏几张票的钱，因此，每次都相安无事。

不过，三个月后，门口的 102 号不见了。听说停开了，干不下去了，因为搭她车的人很少。

一点点的人情味，比十足的精明更容易得到回报。

人说精明难，其实糊涂更难。人活世上，如果连一点蝇头小利都不放过，那么可以说你太"精明"了，而你的人生又是太失败了。一个人活在世上要有点人情味，这是一种对人生的领悟，其实也是一种做人的智慧。因为有时候，失去一点蝇头小利，或许在别处你会获得更大的利益。

贪得是祸

"贪"是人类祸害的根源。

清代志士郑板桥积十载为官之辛酸用血泪凝成条幅"吃亏是福"，屡被认做是怪论，其人也被视为怪人。

郑板桥得此绝"论"，并非一时冲动。他还是秀才时就断然将家奴契券付之一炬，宣称此举"是为人处，即是为己处"，其中便隐含了"贪得是祸"的含义。及至登上县令之位，他谈及为人之道时又披露某些人"一捧书本，便想中举，中进士，做官，如何攫取金钱，造大房屋，置多田产。起手便走错了路头，后来越做越坏，总没有个好结果"。这就明言"贪得是祸"了。

看几个《东方时报》(1988 年 8 月 20 日)的记载吧！

(一)广东建行 X X 分行营业部某票据交换员，贪污三十余万元巨款潜逃澳门，原以为"过了海便是神仙"，且不说此人早被反解回佛山，"神仙”将成“鬼仙”，就是过海之后也何曾“神仙”过一阵子？如若不信，但看他自供的在澳门惶惶然如惊弓之鸟的窘态：不敢出街门半步，常以腐乳、大头菜佐餐度日。此情此景，也许是孔老夫子描述的“小人常戚戚”吧，不亦“贪得是祸”乎？

（二）湖南某县某人贪污、挪用公家的建筑物资。两院（通告）发布后，眼看就要雨随雷声下，便如热锅上的蚂蚁，时时观“气候”，阵阵看“动静”，本来几次想投案自首，但直到提笔写下“自首书”并取出赃款时，仍“足将进而趑趄，口将言而嗫嚅”，终以一小时之差而被拘审，痛失良机！这前前后后，他每一根神经都处于极端紧张状态，如同怀揣小鹿，何曾坦荡过片刻？岂非“贪得是祸”乎？所以别看别人一时“金满箱，银满箱”，到头人财两空，“转眼乞丐人皆谤”！这“贪得是祸”即立，“吃亏是福”就理所当然了。甘心吃亏之辈当年较之贪得之徒当然是亏了，殊不知事物发展的必然规律是：满者，损之机；亏者，盈之渐。

更何况那些贪得者本来就如同在刀尖上跳舞，时刻提心吊胆，只要稍有闪失，就会身首异处。而今眼下，廉政之风劲吹，举报之声四起，“满者”更不免有勾魂牵命之感，但“亏者”却既平且安，纵使半夜敲门，也不心惊，实可谓其福无穷也！

由上可令尔叹服：信哉，吃亏是福，贪得是祸，什么财应该去争取，什么财一定要放弃。

悭贪的鸟

某个城市郊区有一片果园，种了许多枇杷树，不但果实很甜，叶子还能炼药治病，所以每年到了果实成熟的季节，很多人就从城里来采果摘叶。

有只小鸟总是在这片果园上方盘旋，好像在看守果园。只要有人接近枇杷树，那只鸟就开始大叫。若伸手摘枇杷，它就会叫得更凄厉。仔细听它的叫声，好像是：“我所有！我所有！”年复一年，总是如此。

有一年，来果园摘枇杷的人比往年更多，那只鸟在人们四周厉声啼叫，非常着急的样子。不过大家都已见惯不怪，没有人理它，仍旧继续摘枇杷。那只鸟不断地啼叫，最后终于吐血而亡。

从前，城里有位年轻人，在父母过世后继承了许多财产。他天天计算自己有多少财产，一心希望财产愈多愈好，连将来果园与田地可以收成多少农作物都算入财产中。年轻人认为家中多一个人就消耗更多食物，所以不愿娶妻生子，原本家中请的佣人也都辞掉了。他年老去世之后，财产由于无人继承，都被收入国库。

也许这位吝啬的人的前世也就是那只悭贪的鸟。由于还留存着悭贪的习气，用一生的时间千方百计地增加财产，贪心永得不到满足，就像那只认为果园属于它的鸟，舍不得人们来采收果实，所以不断地叫着："我所有！我所有！"一直到吐血死亡为止。

悭贪不舍只能招来贫乏不安的苦果。

这样的人生错在哪里呢？首先，他在乎的是要以拥有更多，以赚取更多，拥有更富有为目的。其次，以为得到的一切都是他自己的，只想留给自己好好享受。第三，眼睛只关爱自己，看不到别人，不关心别人。他的人生观完全是自私的，只在乎自己的享受，看不见所遇到的任何一个困苦的人。当他的收成早超过他的需要时，他仍然没想到有谁需要帮助。

在意自己拥有，不肯与人分享者，当然是很贫乏的。人的价值并不在于他有多少，而在于他如何去运用！努力为自己的人生赚取更多，原本无可厚非，因为我们的天赋、能力都要好好琢磨、运用，并发挥得淋漓尽致。但我们要常存感恩的心，珍惜我们的生命，善待周围的人，并且要知足常乐，不要太贪心，这样就会生活得更美好。

事关德行要慎重

与人相处，美德固受人夸，一旦你稍有不慎，不能以你的美德给人以好处时，别人就会暗暗怪你。

看过三毛小说的人都会知道，三毛到美国留学，是带着东方女性的美德与一群杂色人种共处一个宿舍。三毛初来乍到，为了能早日融入这个集体，每天都早早起床，坚持扫地清理"寝务"。西洋女也真散漫，回到寝室，衣服鞋袜乱放乱扔，每天起床，被子掀在一边，黑的红的在脸上抹了一遍便扬长而去，于是三毛便成了"西洋女佣"。三毛将寝室收拾得井井有条，"碧眼高鼻"看着一室整洁也都称赞不已。

可是有一次三毛病了,一身疲惫也懒得整理清扫。一群西洋女轻歌曼舞回来,看看房间纷乱样子,于是纷纷指责起三毛来。

“我凭什么要为你们收拾房间”,三毛一下火了,“我也是来上学,不是你们的佣人,我为你们付出那么多,就是应该吗?你们为什么不能自己动手整理?”

一群“碧眼高鼻”呆了……

是的,三毛凭什么要为她们收拾房间。三毛带着东方女性的美德,付出了那么多的辛苦汗水,使得她们适应了娇惯,一旦没有再为她们收拾,就内心不平衡。这帮西洋女真够自私的。

但是从另外的角度看这故事:美德使她们心安理得,固所当然,人是一个容易思维定势、行为定势的怪物。人,对于别人给予的恩赐和付出一开始会感到不安和感动,但久而久之,习惯成自然,会莫名其妙地形成潜在的依托感。“你能任劳任怨地干着这些琐碎的家务,看来你是应该这么做的,这是你的责任”。人性的行为惯性纵容这些“寄生虫们”心安理得,三毛不明其中道理,当然大为委屈了。

行事不可纵容,“美德”是有其深刻的人性哲理的。那么我们如何既发扬美德又避免形成惯性的负面行为定式呢?

试着间断性地发扬美德,中间隔断期的混乱会使你的同伴感受到你付出的可贵。于是美德虽不常坚持,但可长久保持,你的友爱之心便会时有所报了。

身正不怕影子歪

为官之道,贵在以己正人,己不正,如何正人?正因为这样,中国古代把清廉作为好官的主要标准。《三国志?李通传》中记载,司马懿曾提出:“为官当清、当慎、当勤,修此三者,何思不治乎?”把清廉当作为官的首要条件。南宋吕祖廉在《杀莱昂大史别集》中又提出:“当官之洁惟有三事:曰清、曰慎、曰勤。”还是清廉在先。

中国几千年来的历史中,的确有些为政者以清廉、公正、无私为本,因廉生威,拨乱反正,造福一方,赢得人民信赖的。包拯就是其中之一。

包拯一生清廉俭朴。史书上说包拯后来虽然做了大官,地位很高,但穿的衣服、用的器具、吃的东西，都和他做布衣平民时没有什么两样。他被任命为陕西转道使后，本来应该穿上绘有新等级标志的官服上任，以示尊荣。可他倒好，穿着原来的衣服就赴任去了。宋仁宗听后，十分赞赏，特地差人骑快马去追包拯，把三品图绘的章赐给包拯。

端州盛产砚石，早在隋唐之际端砚就久负盛名。历任官员在向朝廷交纳砚台时都要借机勒索，额外增加数量，加重人民负担，结果弄得百姓怨声载道。包拯到任后，一改旧习，命砚工按进贡数量制作，自己一块不留，此举深受百姓欢迎。包拯离任时，砚工特地精制了一方好砚送给他作为纪念，他婉言谢绝，“不带一砚归”。包拯晚年时，为教育后代，留下遗训说：“后世子孙世宦有犯赃滥者，不得归放本家，亡殁之后，不得葬于大茔之中。不从吾志，非吾子孙。”

包拯以清正廉明为本，逐渐形成巨大威势。史书记载说：“贵戚宦官为之敛手，闻者皆惮之。”当时的京城所在地开封府有传言说包拯好比阴间的阎罗，谁想买通关节，走后门，搞不正之风，那谁的官也就甭想再当了。包拯，七次上奏皇上，要求严惩酷吏王逵，终达目的。他敢于弹劾皇帝的后妃，也敢于指责官位显赫的国戚。国戚张尧住身为宰相，搞得民困国穷，包拯置个人安危于不顾，要端掉这个祸害，一而再，再而三地上奏弹劾，迫使宋仁宗免去张的要职。包拯所做的一切，自然赢得人民的敬意。宋神宗时，西羌有一个将领于龙呵归附宋朝，他到京师见皇上时，要求皇帝赐给他包拯的姓。开封府署旁有一块题名碑，凡在开封府任过府尹的，都在碑上刻下姓名和任职时间。包公曾任开封府尹一年多，也刻了上去。南宋时周密曾说开封府尹题名碑上的“包拯”二字：“为人所指，指痕甚深。”这是因为人民爱戴他，凡是到此地来的人，为表达敬慕之情，都愿用手指抚摸“包拯”二字。现在这块碑石还保存在开封历史博物馆里。

俗话说，身正不怕影子斜。如果为官的都清正廉明、不贪心，那么整个国家的政治也就搞上去了，经济实力也强盛了。盛唐时国力强盛，外族来朝，盛况空前，靠的就是一个“廉”字。在现代社会，这个道理仍然有用，而且作用更大，甚至连国外的从政者也明悉此理。

新加坡前总理李光耀认为，“立国必须廉政”。李光耀本人带头廉政，住房和汽车都是自己掏钱买的。他有许多政敌反对他，攻击他，但没有一个说他贪污、腐化。政府中有名部长，是新加坡政界的元老之一，与李光耀有很深的私交。当人们揭发这名部长有贪污嫌疑，他找到李光耀，希望他能保护他。李光耀却说："我要保护你，我这个党就站不住了。"最后，这名部长在上法庭之前自杀了。李光耀就是靠着廉洁赢得了威信和民心，使新加坡在几十年的时间内就成为亚洲四小龙之一。

承诺一个都不能放弃

如果我们办不到，尽可以选择不对别人承诺。而一旦你作出了承诺，无论如何也不能放弃。

马来西亚文人朵拉写过一篇文章，叫《答应不是做到》。作者在总结人们的应酬交际活动时，提出了一个值得交际者反思和重视的现象。文章写道："很多时候，我们要求别人办事，他们的反应是：'好的，好的。'年轻的时候，我听到朋友这样回答，就非常放心，并且感动得很，因为有些朋友实在是才结交不久的。然而过不多久，便发现自己的心放得太早了。"

当人们点着头说"好的，好的"时，他只是在口头上说好，至于真的去实行，如果十个里有一个，就是你的幸运了。作者说，这类交际者"承诺时，态度看起来非常诚恳，日子走过，把说过的话当成风中的黄叶，霎时便无影无踪"。

作者在宽慰和谅解朋友的同时，自己也陷入了这样的误区："自以为纯纯的我，究其实，是蠢蠢的我。在这个大家都忙忙碌碌的年代，居然妄想朋友听见你的要求，就抛下自己手下的事务不去处理而特别为不在他眼前的你去奔波？时常用自己的心去度朋友之腹，结果得到的是误解。也用不着去埋怨被谁欺骗，骗自己的其实正是自己。大家都说：'答应并不表示做到。'大家可以答应你任何事，但是没有一次替你做。就连我自己，在社会上混了几十年，也已经学会了这种滑头的应对手法，世故圆滑得叫10年前的自己也认不得自己了。"

然而，终于有一件事，使作者认识到了自己是陷入了做人的泥淖之中，那是一个很少见面很少交往，也从没说过什么知心话语的朋友。他在4个月前说过要帮忙，而他居然真的去做了！

作者说，这件事让她汗颜，让她惭愧。她说，原来的想法做法是要不得的作风，像政客们的做法，往往在选举前不断许下各种不管能不能实现的诺言，等一旦当选，做法却是另外一套。她提醒人们，做朋友不要做得像个政客。

读完朵拉的这篇散文，我们也豁然感受到了一种同样的指责。反省自己，我们无法不自己对号入座。难道日常生活中，对朋友、对同事、对父母妻女，这种“好的，好的”的答应，过后就全然没有这回事了的次数还少吗？我们的哪次承诺不像天上的云，折射着太阳的光彩，而当一阵风吹过，便飘得踪影皆无了？朋友一次次失望，为了面子，他们没有指责过我们，也许他们习以为常了。我们也有过脸红的时刻，那是天真不可欺的孩子一次次责问我们：“今天答应带我去公园，明天答应带我去书店，怎么老说话不算数？”也许我们的工作太忙，事太多。可是朋友亲戚托付给我们的也都是些举手之劳的小事呀！

其实，承诺是一种信誉，一种责任。我们全然忽视了它的重要意义。答应帮别人做的一点小事，是没有必要签合同的。承诺的结果是应诺，履践诺言。真正的应诺有时像美丽的童话，让人感动得心灵震颤。

有一则异国的故事：在一座城市的冬夜，一位正要赶末班车回军营的军官被一位妇女拦住。军官有些生气，妇女赶忙解释说她在行人渐稀的街头看到一个孩子，孩子是黄昏时玩打仗游戏被派到街角站岗的，他的“指挥官”说过，没有命令，不得撤退。妇女明白，这个时候，已忘记了这件事的其他孩子可能已熟睡在热被窝里，就劝他赶快回家，但执拗的孩子坚持要等待命令。无奈中，她想到请一位军人帮忙。军官没说什么，脸上充满着柔和又肃穆的神情。他迈着军人的步子走到孩子面前，敬了一个军礼，报上军衔道：“你已出色完成任务，我命令你立刻撤岗回家。”孩子信服地看了看军官，回了一个军礼，欢跳着离去。

伊人在他的《培养》一文中有这样一个情节：大学生林克有着超群的才气和很帅的貌相，系里有不少女生拼命追他，他都不动心。原来他在老家早已找了个“土”姑娘。那姑娘说不好丑俊，眼睛挺大，眼皮也双，只是里面缺点东西，让人感到空洞洞呆愣愣的。碎花连衣裙，有些土气。林克说，她是大集体工人。同学们见了都“啊、啊”为林克惋惜，那语气满含着惊讶与不解，都苦口婆心地劝林克，“不能心血来潮”，“要考虑以后的共同语言和志趣”……林克只是笑笑，末了才说：“答应了人家，总不能当儿戏。”

好一个“答应了人家，总不能当儿戏”！平淡、质朴、严肃、一言九鼎。林克终究是林克。婚后的日子，他竟将这位“土”妻子培养成了举止大方，言谈不落俗套，打扮淡雅得体的成熟的少妇。

也许有人会挑剔这两则故事，说孩子太天真，说爱情太神圣。其实生活的全部意义正来自于这普通而平常的生活。

承诺是一种信誉，更是一种信念。言而无信，不知其可。答应了没有兑现，失去的不仅是信任，而且是生存的空间。“他这个人，答应的挺好，可过后就不办事，上次我托他办的那件事，到现在连个音信都没有”，这样的话在朋友中传播开来，今后将何以处世？

快乐常常建立在“同”上

人生的快乐是相对的，如果把自己痛苦强加于别人以获得快感，那这样的快乐不是真正的快乐。

从前，有一位国王因为头发大把大把地脱落而整日懊恼不已，御医束手无策，换多种秘方也不管用，眼看就要秃头了。

“我身为一国之尊，居然保不住头上的毛发，岂不丢人？”国王对皇后说，“每次看到头发浓密的臣子对我笑，就觉得他是嘲笑我，真想把他拖出去斩首！”话传出去，满朝文武都不敢笑了，只有几个人不怕，照样盯着国王笑，因为那几个人比国王还秃。

皇后看了灵机一动，对国王说：“你何不把那些秃头全升为高官？”

国王照做了，而且自从秃头都升官之后，国王也就变得快乐了。“秃头可以做高官，秃头走运，秃头有什么不好？”国王心想，“那些有头发的人，想秃还秃不成呢！”

人的快乐常常建立在“同”上，譬如我们是同一家人、同一国人、同一种人、同一遭遇的人……你有过这样“同”的经历吗？

心理贫穷

从前，有两位很虔诚、很要好的教徒，决定一起到遥远的圣山朝圣。两人背上行囊、风尘仆仆地上路，誓言不达圣山朝拜，绝不返家。

两位教徒走啊走，走了两个多星期之后，遇见一位白发年长的圣者。

这圣者看到两位如此虔诚的教徒千里迢迢要前往圣山朝圣，就十分感动地告诉他们："从这里距离圣山还有十天的脚程，但是很遗憾，我在这十字路口就要和你们分手了。在分手前，我要送给你们一个礼物！你们当中一个人谁先许愿，他的愿望一定会马上实现，而第二个人就可以得到那愿望的两倍！"

此时，其中一教徒心里想："这太棒了，我已经知道我想要许什么愿，但我不要先讲，因为如果我先许愿，我就吃亏了，他就可以有双倍的礼物！不行！"而另外一教徒也自忖："我怎么可以先讲，让我的朋友获得加倍的礼物呢？"于是，两位教徒就开始客气起来，"你先讲嘛！""你比较年长，你先许愿吧！""不，应该你先许愿！"两位教徒彼此推来推去，客套地推辞一番后，两人就开始不耐烦起来，气氛也变了。"你干吗？你先讲啊！…""为什么我先讲？我才不要呢！"

两人推到最后，其中一人生气了，大声说道："喂，你真是个不识相、不知好歹的人！你再不许愿的话，我就把你的狗腿打断，把你掐死！

另外一人，没有想到他的朋友居然变脸，竟然来恐吓自己！于是想："你这么无情无意，我也不必对你太有情有义！我没办法得到的东西，你也休想得到！"于是，这一教徒干脆把心一横，狠狠地说道："好，我先许愿！我希望我的一只眼睛瞎掉！"

很快的，这位教徒的一只个眼睛瞎掉了，而与他同行的好朋友的两只眼睛也立刻都瞎掉了！原本，这是一件十分美好的礼物，可以使两位好朋友共享，但是人的贪念与嫉妒，左右了心中的思绪，所以使得祝福变成诅咒、使好友变成仇敌，更是让原本可以双赢的事，变成两人瞎眼的双输！

在巴拉圭有一对即将结婚的未婚夫妻，很高兴地大喊大叫、相互拥抱，因为他们中了一张高额彩券，奖金是七万五千美金。

可是，这对马上要结婚的新人，在中奖后的第一天，就为了"谁该拥有这笔意外之财"而大吵一架，并不惜撕破脸，闹上法庭。为什么呢？因为这张彩券当时是握在未婚妻的手中，而未婚夫则气愤地告诉法官："那张彩券是我买的，后来她把彩券放入她的皮包内，但我也没说什么，因为她是我的未婚妻嘛！可是，她竟然这么无耻、不要脸，居然敢说彩券是她的、是她买的！"

这对未婚夫妻在公堂上大声吵闹，各说各话，丝毫不妥协、不让步，所以也让法官伤透脑筋。最后,法官下令,在尚未确定“谁是谁非”之时,发行彩券单位暂时不准发出这笔奖金!而两位原本马上要结婚的佳偶,因争夺奖券的归属而变成怨偶,双方也决定取消婚约。

有人说:“结婚,经常不是为了钱;离婚,却是经常为了钱!”

的确,人的私心、贪婪、嫉妒,常使人的心灵世界极度贫穷,因此,这些人会重重地跌在自己“恶念”的祸害里。

事实上,我们所拥有的,并不是太少,而是欲望太多;欲望太多的结果,是使自己不满足、不知足,甚至憎恨别人所拥有的、或嫉妒别人比我们更多,以致心里产生忧愁、愤怒和不平衡;欲望太多,就是心理贫穷!

舍弃贪婪

贪婪是压力和紧张的最大祸首,造成心理失衡,增添许多不必要的压力。

有人说紧张与压力是20世纪特有的文明病,而紧张与压力都或多或少的有四种可能的反应:

(一)生理反应:如头痛、高血压、胃肠溃疡,较严重者甚至易引发癌症及老化现象。据最近美国卫生局统计,有50%~80%的疾病,源于生活压力及紧张。

(二)行为反应:思想不集中、易忘、动作迟缓、不易与人相处。

(三)情绪反应:忧郁、愤怒、敏感等。

(四)认知反应:降低自信自尊、常感不如别人、无力感以及无助感等,较严重者甚至有失望及自杀倾向。

20世纪似乎是一个十分矛盾的时代,虽较上一代富裕了,但心灵并不因此而愉快;教育普及了,但青少年问题年年增长;生活更民主自由了,但犯罪案件却有增无减;科技与医学突飞猛进,但大小医院却天天人满为患!

20世纪的现代人究竟出了什么问题?

我们也许尝试过一些减轻压力及紧张的方法,像静思、坐禅、默观等。但问题是用这些方法试图减轻压力只有“治标”作用,虽一时能使身心放松,但根本问题并未解决。肌肉放松后走出禅房,你还是得重新面对一大堆问题，这些问题你又当如何应付？同样地，你因压力太大感觉头痛，因此求医诊治，但即使头痛胃痛都治好了，若产生压力的根本问题没有根治，早晚还会有其他病痛出现。因此近来有许多医生及心理学家均表示，身体某部位不舒服固然应立刻求治，但重要的还是快快找出压力及紧张的病源。病源一旦找到就可对症下药，一治百治，不必再头痛治头脚痛治脚了！

孔子说："欲修其身者必先正其心。"中国古人也说："心安身自安。"这里所说的"心"，正是医学界及心理学界近年来所强调的"整体人"。因此，压力的起源可能来自不定的政治、不安的社会、不和的家庭以及事业不成、人际关系不良等。专家学者强调的"是否我这个'整体人'出了什么问题？"换言之，一个人的整个生活方式、整个人生观及人生价值是否出了偏差？或说得更清楚一些，你所选择的是今生今世还是永生永世？

心理学家早已公认，工作能给人带来很大的压力。据最近医学统计，那些较倾向打拼奋斗的从业人员，尤其是那些力争上游的高级人员，他们的"工作压力"比一般人高出很多，患心脏病的可能性也比常人大过七倍。这些喜欢打拼的人有一个共同性格，即竞争心大、攻击性强以及耐性很弱等，亦即一般人所说的"A 型性格"。他们常常觉得时间永远不够，把个人的成就与事业放在一切之上，甚至比家庭更重要；他们常喜欢速战速决，有时甚至不惜孤注一掷敢于冒险等等。这些人若因此而感到身体不适，总希望医生给他们一种最好、最贵的药物，希望一次就能见效，他们做什么事永远缺少等待的耐力。

心理学家称这些人为工作狂者。他们为了工作而工作，为了事业而事业，但工作与事业究竟为了什么，他们很少考虑。结果身体得了病不说，与妻儿的关系也亮起了红灯。

当然，他们有他们的理由。工作及事业成功了，他们不但将获得提升，地位、名声及金钱也必随之而来。只可惜荣誉和财富均属物质层面，因此往往贪得无厌，多了还想多，高了还想高，于是不断的追求，心灵却永远得不到满足！

有这样一个故事：古时有一个年轻人赴京赶考，希望老和尚替他念经祝他早日成功，那个老和尚只在一旁静听却一言不发。年轻人心急了就问他有何意见，老和尚只说了三个字"以后呢？""赶考成功就可以做官啦！"

"以后呢？""做了官就可以发财啦！""以后呢？""发了财就可建屋购地一生无忧啦！""以后呢?"这时那位年轻人早已有点不耐烦,不礼貌地向老和尚道:"什么以后呢以后呢,升官发财、有屋有地不就够了吗?"但老和尚不慌不忙地还是说了最后一句话:"你死了以后呢……"

其实贪婪正是压力和紧张的最大祸首。工作狂者因为永远做不完的事而压力增加,那些常与他人相比较的人也同样在自讨压力之苦。自己的汽车还好好的,一日见邻居买了一辆新车,就想尽办法也要换辆新的;自家的房子够大也够住,但别人有了新屋,于是一定要与人家比,左思右想要买栋更漂亮的房子！人比人,气死人,这样比来比去,你永远不会满足。当然,跟人家比较,正像竞争或奋力工作一样,其本身没有什么不好,有时甚至认为这正是文明有进步的动力。问题出在"过分"二字。过分即不按理性做事,心理又是失去平衡,因此增加了许多不必要的压力。

古人曾说,二鸟在林不如一鸟在手。我们为什么不好好地珍惜已在手中的那只鸟，偏偏整日去贪图那两只遥不可及的家伙？好高骛远不满现实,正是现代人想出来的烦恼,何苦来哉！圣保罗说天国内有各种不同的人,有的称为眼睛、有的称为耳朵、有的是心脏、有的是大脑、有的则只是手足。

肢体虽不同,只要努力去发展它的天职就是最好的肢体,我们又何必一定要跟人家去比较长短?

我们是忘却来生继续生活在今生的贪婪中，还是在此生的短暂岁月中多多为未来而努力,只有你自己可以决定。

了解压力

根据"国际压力研究院"的创办人塞利博士的说法,"老化"只是每个人一生中的疤痕以及紧张的总和。这些疤痕不光只是医学意义上的留在你皮肤上的痕迹,也可能是情感上和心灵上的疤痕,但都是指无可挽回的创伤。

塞利教授在他四十年前开创先河出版的《生活压力》一书中,即对内在压力带来的巨大危险有精辟入理的研究。他说,压力的杀伤力比我们周遭环境中产生的任何事物都要强大。未化解的愤恨、积在心中的怒气,以及日益滋长的怨气,不但会让我们情绪不稳,更让我们的身体变得脆弱;这些负面的情绪,会让我们身体的免疫力降低,使我们常常觉得不舒服,接着感冒、发烧、肠胃溃疡、高度紧张等等的疾病也就悄然而至。

我们一同来看看压力对我们的影响。

你一定听别人说过他一早起来心情就不好,在接下来的一整天里,干什么事都不对劲,情绪不好、别扭,连平常惯有的幽默感也不见了。

一早起来就心情不好的人,会噼里啪啦地发一大堆牢骚:

●我昨晚没睡好,事实上,我几乎没睡着。

●我在床上翻来覆去七八个小时,真是累死了,可是就是睡不好。

●我的脖子好痛,肩膀也好酸,但是还是睡不着。

●现在别叫我集中精神("我的注意力早就四分五裂")。

●想到以上这些,我真想回到床上,把它们通通都忘掉。

但是几乎没有人能够回到床上把一切都抛开。那些潜藏的因素总是困扰着你、妨碍着你、威胁着你。这些因素就叫做压力源,是说也说不完的。譬如,再过半个小时就要开会了;电话响了;推销员来按门铃了;孩子上完芭蕾舞课,得去接她回来;报告已经迟交四天了;支票被退票等等。

明天会变得更好吗?也许不会。今天的忧虑通常会渗进夜晚的睡眠中,让人一直到天快亮了才睡着。通常,明天只不过是另一个痛苦的今天罢了。

对大多数人来说,生活不过是一连串枯燥乏味、死气沉沉又累人的日子。

日子一天天过去,小问题变成了大问题。塞车变得愈来愈让人无法忍受,总机里的声音听起来似乎愈来愈没有礼貌,自己的配偶似乎变得愈来愈没有思想,这世界每一分钟都变得让人更加难以忍受。

人们打心里讨厌这一切,而这种日子仿佛又无休无止:一定要采取行动,改变它!

在我们自己变成周遭人的压力源之前,一定得采取某种行动改变它。好抱怨的人会是其他人沉重的负担。谁愿意一天到晚听别人发牢骚?你愿意跟认为这世界糟透了的人共度周末吗?

找出压力的本质,对我们而言是非常重要的,因为一旦了解压力,它就不会那么可怕,也比较容易将它打倒。

对于压力，有个非常好的定义：压力是一种认知，认为某种情况超出个人能力所能应付的范围。

这项定义的关键在于“认知”这两个字。我们常常认为压力是外来的，一旦碰到了不如意的事情，就认为那是压力。所以我们会犯一种基本的错误，就是只注意外在因素。

但事实上，我们所感受到的压力来自我们自己，是我们对压力源的反应。因此我们应该往内心探索，而适度的挑战是让我们的人生不枯燥乏味的必要条件。

每个人都讨厌枯燥无趣而单调的生活方式，因为这会对心理造成不健康的压力。心理学家赛登柏格，把这称为“生活平静无波带来的心灵创伤”，生活一成不变、缺乏挑战的人就会患这种病。看科幻小说或者恐怖电影时那种毛骨悚然的感觉，往往可以减轻这种症状。

我们真的需要压力吗？适度的压力，能够缓解范围之内的压力，其实可以让生活变得更加亮丽。这就是为什么我们会不断地规划长途旅行、运动健身、制定人生目标，以及做各式各样计划的原因。我们这么做的目的是在告诉自己：“嗯，又完成一件事了！”

如果没有事情打断我们的计划，那再好不过。但是，真实的人生处处充满了突如其来的事情。如果你期待了一个早上的那个电话，刚好就在你洗完澡步出浴室的那一刻响起，那不叫人生；如果你刚把一整个礼拜用量的菜塞满冰箱，你的先生恰好带着六个饥肠辘辘的客人回家，那也不叫做人生。一般比较会发生的情形是：你在洗澡的时候电话来了，电话铃声被哗啦哗啦的水声盖过，使你没接到电话。或者是客人意外到访，你家的冰箱刚好唱空城计。

对于这些突如其来的事情，我们的反应非常重要。

对突发状况以及其他让人觉得有压力的情境，我们通常会有什么样的反应？把这些事情的影响减至最低吗？能够做到的人少之又少。我们往往会因为这些事情，使自己对外在世界的既定看法更加深信不疑。重要的电话常常在不恰当的时间打来；不请自来的访客常常在你最没有准备的时候突然出现；考试总是让人害怕；孩子总是弄得乱七八糟；交通堵塞总是那么可恶……我们认为这些都是无可改变的事实，同时也会不自觉地夸大这些事情的影响。压力不是我们这一代才发明的。早在 19 世纪 80 年代，美国医师毕尔德就已经有著作论述当代生活的压力。他形容压力足以让人“神经耗竭”。事实上，每个时代的人，都得面对他们那个时代似乎无法治愈的疾病或天灾人祸，譬如饥荒、战争。每个时代的人，也都有属于他们那个年代的忧虑。至于我们这一代，大家忧心的莫过于事业、物质，以及科技的日新月异等等。

“压力”研究领域的先驱塞利博士写道：“了解压力绝非为了逃避压力，逃避压力就跟逃避食物、运动或者爱一样不合理。”他认为压力是“人身体对于任何加诸其上的要求所产生的反应”。以此为前提，那么任何事情，从接听电话到失去抵押品的赎回权，都可称为压力。此一无所不包的定义，让“压力”成了“人生”的同义词。

这么说来，只要是活在这世界上，就不可能完全逃避得了压力。既然如此，对于不断加诸在我们身上的各种要求，学习怎么样有智能地适应，就绝对必要了。

我们的身体，就是设计来应付突发的危险以便作迅速反应的。面临生死存亡关头的突发状况时，压力在刹那间涌现，这也是我们的身体发挥最大潜能的时候。此时，我们的身体会迅速分泌肾上腺素到血液里，对我们意识到的危险做最迅速的反应。就像我们在千钧一发之际，从车轮下救出一名儿童或小动物，那种神经的突然绷紧，会让我们的精神维持在一种很高亢的状态。我们突然间承受了巨大的压力，但是同时也把我们的体能和精神状态推到了最高峰。

压力就是这样，人生就是这样。

十种放松的方法

面对压力，你是否能找到释放的方法？以下是十种缓解压力与焦虑的方法：

（一）说出压力。感觉千头万绪，不知所措时，找一位知心好友，或专业辅导员，或有经验的长辈，说出自己内心的恐惧和问题。有时候，所面临的问题并不严重，只是在心慌意乱时无法冷静思考，如果能够经过倾吐、发泄、或听听别人的意见，而理清问题的症结所在，找出解决方法，即可豁然开朗。

（二）写出压力。当面对复杂却又无法逃避的问题时，不妨写出来，然后再写出可能的解决方法，无论是否能达成目标，但此种宣泄方式也可减轻内心的压力。

（三）呼出压力。感觉压力很重时，最简单、快速的方法就是深呼吸，即深深地吸一口气，闭气二三秒，再微微张开嘴巴，缓缓吐气。如此反复做几次，可使血液循环恢复正常，心跳减速，心情自然恢复平静。

（四）跑出压力。可在户外找个清静地方，慢跑或步行二三十分钟，使全身肌肉松弛，紧张压力随之而解。

（五）打出压力。如果压力是来自权威的力量而又无法当面发泄时，可找一个沙袋或布偶等痛打一阵，以适当缓解内心压力。

（六）泡出压力。热水澡可以促进血液循环，使肌肉松弛，减轻压力。

（七）甩出压力。开始先轻轻甩动手腕、手臂，再逐渐加大摆动幅度，甩掉手臂肌肉的紧张，再用同样的方法甩动双腿、躯干和颈部，使全身肌肉放松下来。

（八）唱出压力。喜欢唱歌的人，可在感觉压力时，唱唱自己喜欢的歌，借歌曲抒发心情。

（九）坐出压力。禅坐也是可行的方法之一。不过，初学者必须先请专人指点正确坐姿和相关理论再尝试。如果方法正确，可在禅坐中借深沉的、规律的呼吸将肌肉放松，同时使心灵宁静无杂念，让思绪清新。

（十）其他的方法：一些较情绪化的发泄，例如找一个旷野尽情呐喊，或者放声大哭，都可宣泄内心压力。

克服你的“约拿情节”

只有放弃人生机遇中患得患失，才能走出情绪的低谷。

约拿是《圣经》中的人物。据说上帝要约拿到尼尼微城去传话，这本是一项崇高的使命和荣誉，也是约拿平素所向往的。但一旦理想成为现实，又感到一种畏惧，感到自己不行，想回避即将到来的成功，想推却突然降临的荣誉。这种成功面前的畏惧心理，心理学家们称之为“约拿情结”。

“约拿情结”是一种普遍的心理现象。我们既想取得成功，但面临成功，总是伴随着一种心理的迷茫。我们既自信，同时又自卑；我们既对杰出人物感到敬仰，又总有一种敌意；我们敬佩最终取得成功的人，对成功者又有一种不安，焦虑和嫉妒；我们既害怕自己最低的可能性，又害怕自己最高的可能性。

“约拿情结”是一种复杂的心理现象。它也许有其存在的合理性。不过，从自我实现的角度看，它是一种自我患得患失的心理障碍。

必要的丧失

选择没有十全十美的，要学会面对必要的丧失。

14 世纪法国经院哲学家布利丹曾经讲过一个哲学故事：一头毛驴站在两堆数量、质量和与它的距离完全相等的干草之间。它虽然享有充分的选择自由，但由于两堆干草价值绝对相等，客观上无法分辨优劣，也就无法作出选择。于是它始终站在原地不能举步，结果只好活活饿死。布利丹毛驴的困惑和悲剧也常折磨着人类，特别是一些缺乏社会阅历的初涉人世者。

17 岁的英子是位中专生。刚进学校时，她最大愿望就是“进入学生会出人头地，身处要职以便锻炼自己的社会适应能力”。不久，因为她歌唱得好（校园十大歌手之一）、舞跳得好，很快成了校学生会的“代理”文娱部长。进入学生会后，她积极干好每件事，即使是小事，她也会尽最大的努力做到让上级满意。

然而，因为没有处理好工作和学习的关系，英子的学习成绩直线下降，“60 分对于我来说太万岁了”。“我的珠算课是最令人头疼的——至今还没过四级，而我的同学大都过了二级，有的甚至过了一级”，“我怕自己到毕业时什么都没有学到，步入工作岗位后会被人瞧不起”。因此，她想：“我该不该辞职，退出学生会？”为了这一问题，英子有很长一段时间心里就像压了块石头一样沉重，情绪低落，敏感易怒。

在她看来，如果辞职，她就可以用剩下的一年多时间去攻读英语、计算机，或者博览群书以提高自身修养，还可以用心学好专业并攻读大专，“去过另一种生活”。但她又担心：“像我这种活泼而且爱慕虚荣的女孩，一旦脱离被众人注意的位置，那种强烈的反差我能承受得了吗？”“没有了社会工作，我会不会变得很空虚？”“我的竞争对手取代我成为文娱部长之后会不会反过来攻击我？”“辞职后我不是失去了很好的锻炼机会吗？”左也为难右也为难，英子希望有人能帮她拿主意。

很多人都是因为面临多种选择却难于选择而心烦意乱。一位毕业不久的大专生，分配在一家好单位，因为觉得自己的文凭太低，所以想去考研，但又怕读完研究生之后再也找不到这样好的工作。一位28岁的女孩，恋爱已经5年，想结婚可男友至今还没有住房，但分手却又舍不得这份受了时间考验的感情。有同事给24岁的他介绍了一位女朋友，经过接触，他发现她的聪明、善良，可心里有总觉得她长相不好看，所以进退两难。已经服役3年的她，既想早一点踏入社会去接受另一种锻炼，又想留下来复习功课准备报考军校（报考军校就必须超期服役一年）……

现在为什么会有那么多大学生、研究生需要心理咨询？是不是他们“身在福中不知福”？大多前来咨询的人都是学历高、有钱、漂亮、社会地位高的人……因为一个人拥有较优越的现实条件，就意味着他面临更为广阔的选择空间，而可供选择的目标越多，那么在他作出决策之前，其内心的矛盾冲突也就越多。

比如择业，只有小学文凭并且没有什么专业技术的人可选择的机会不多，因而只要找到一份工作，他就会很乐意地去做。而受过高等教育的工程技术人员可以从事的职业很多（包括简单的体力劳动），每一份工作都能满足他的某些需求，究竟去干什么工作，他的心里充满困惑。

心理学家把这种有两个或两个以上不能同时实现的目标所带来的心理矛盾称作“意志行动中的冲突”，简称“冲突”。一般来说，冲突可分为4种类型：双趋冲突——两个或多个目标对我们都有吸引力，可我们只能选择其中一个时所产生的冲突，比如又想退伍又想读军校；双避冲突——两个或多个目标都是我们想回避的，但我们不可能全部回避时所产生的冲突，比如28岁了还不结婚和在没有住房情况下结婚都非她所愿；趋避冲突——同一个人或同一件事物对于我们既有吸引力又有排斥力时所产生的冲突，比如喜欢她的聪明和善良但不喜欢她的“不好看”；多重趋避冲突——实际生活中，两个或多个目标中的每一个目标都对我们既有吸引力又有排斥力，此时引起的冲突就叫做多重趋避冲突，比如英子所面临的困惑。

无论何种冲突，其实质都是要在几种方案中作出唯一的选择。在选择之前，我们的大脑一直会对方案进行反复的比较鉴定。这种高负荷的比较鉴定总是伴随着紧张、焦虑、烦躁、不安等负性情绪，特别是当我们面临人生的重大选择时，这样的情绪会更强烈、更深刻、更持久。每个人都无法长期忍受这种状态，因此总是希望尽早做出选择。一旦作出了选择，这种烦躁不安的情绪也就随之结束。

选择意味着放弃那些不合理的方案，同时还意味着必须接受这一选择所带来的一切结果，这就是我们平常所说的“为自己的选择负责”。那些长时间处于冲突状态而出现心理障碍的人，往往具有这样两个特征：一是完美化。追求完美，又不愿放弃那些相对不重要的目标，因而迟迟不能做出选择，并进而错失良机。二是依赖性。依赖性较强的人，因为不敢承担责任，害怕面对可能到来的不良后果，所以不能独立做出选择，最终因长时间承受负性情绪的压力而加重自卑感。

以下是几点关于选择的原则性建议：

（一）放弃完美化的要求，从现实入手。完美化的思想会让人产生不切实际的愿望。“如果……”“要是……”为了等待这些虚幻的假设，我们就会长时间的陷入内心的冲突之中，并因此失去原有的自信。其实，我们面前的目标，现在都不可能是“最好的”，都需要我们做出努力之后才有可能变成“最好的”。所以，立即行动才是最重要的。

（二）推迟大的决策，从小处着手。有些心理冲突是因为需要过早地做出“最终决定”，而自己掌握的信息不多，一时难于做出选择。比如 24 岁的他，与对方接触不久就希望得出明确的结论：要不要跟他谈朋友？由于了解不多，此时做出的选择难免不成熟。倘若进一步了解，就可以对她有新的认识——也许就不再觉得她“不好看”，也许不再觉得她“聪明和善良”——那时再做出选择就不会困难了。

（三）切断退路，让自己别无选择。带来的心理冲突的每一个目标（包括双趋冲突中的目标）对于我们都各有利弊，因此任何选择都有其合理的一面，我们往往无法精确衡量得失之间的大与小。与其花太多精力去做细致的比较，不如随机选择其一，专心致志地为之努力，这往往会使我们获得更丰富的回报。比如英子，是否辞去文娱部长职务并不是她能否成才的决定因素，但如果她长久地处于犹豫不决的状态，就可能导致种种不良的后果。

曾经有过一个比喻:“把一对夫妻安置到人迹罕见的大森林里去生活,想必他们不会有离婚的念头,因为别无选择,他们将致力于巩固彼此的关系。”事实上,无论在人生的哪一个领域,别无选择都会是最好的选择。它能使我们集中个人有限的精力,去走好自己的路。

完美主义者难快乐

一个人如果对自己和他人要求过高,总是追求完美,我们就称这种性格为完美主义。完美主义的性格首先表现为固执、刻板、不灵活,给自己或他人设定一个很高的标准且非要达到不可,受到挫折就感到很痛苦,不能接受。

某著名汽车制造公司的总经理就是这样的人。虽然他们公司的销售还不错,但离他的高标准有些差距。他不能忍受这些差距,跳楼自杀了。有位软件设计工程师在编程序时要求自己像写古诗一样把字节写得都一样长,结果他日日夜夜地苦思冥想,工作效率和成果可想而知。有的人要求自己的孩子利用所有的时间学习,不要贪玩,结果孩子产生逆反心理,厌学逃学,总也玩不够。

所以,完美主义的人应该把目标和方法定得灵活一些,要有一种“退一步海阔天空”的心理准备。这条路不行可以走那条,不要在一棵树上吊死,钻牛角尖。

完美主义的人往往不愿意接受自己或他人的弱点和不足,非常挑剔。有的人没有好朋友,总也找不着对象,和谁也合不来,经常换单位,为什么?那是因为他谁也看不上,甚至会因为别人的一些小毛病,而忽略了别人的主要的优点。有的人不允许自己在公共场合讲话时紧张,更不能容忍自己紧张时不自然的表情,一到发言时就拼命克制自己的紧张,结果越发紧张,形成恶性循环。有的人不允许自己身体有丝毫不舒服,经常怀疑自己得了重病,经常去医院检查。其实,每个人都有缺点和不足,都会有紧张、不适的体验,这是正常的表现,必须学会接受它们,顺其自然。如果非要和自然规律抗拒,必然会愈抗愈烈。

完美主义的人表面上很自负,内心深处却很自卑。因为他很少看到优点,总是关注缺点,总是不知足,很少肯定自己,当然会自卑了。不知足就不快乐，痛苦就常常跟随着他，周围的人也一样不快乐。学会欣赏别人和欣赏自己是很重要的，是使人更进一步实现下一个目标的基石。

完美主义的人容易只顾细节而忘记了主要目标，让别人觉得他捡了芝麻丢了西瓜，工作也常常因此而没有效率。完美主义性格的形成和早期教育有很大关系，但成年后还是可以有意识地调整的。只要学会对自己和他人睁一只眼闭一只眼，就能看到生活中美好的东西。

情绪好，事情才好

让负面的情绪远离，用乐观积极的情绪迎接人生。

法国名将拿破仑，曾统兵数百万，所到之处战无不胜、攻无不克，但是他说："我就是胜不过我的脾气！"

是的，人往往"胜不过自己的脾气"。在遇到感情挫折、情绪困扰时，就是想不开、钻牛角尖，以致怒火中烧，逼自己走上极端。可是，人必须懂得EQ(情商)中最重要的"情绪忍受力"，也要知道"脾气来了，福气就没了"！我们不能让自己处于气愤不已的状态，要懂得"让情绪换跑道"，绝不能使情绪的"癌细胞"扩散啊！

因此，生活中的"EQ 高手"，必须要知道遇到冲突、生气时，一定要"先处理心情，再处理事情"，"凡事多思考，切勿轻易发怒"，而且"不要急着说，不要抢着说，而是要想着说"！毕竟，人活着，不是要"斗气"，而是要"斗志"！人活着，不是要比"气盛"，而是要比"气长"！人活着，不是要"争一时"，而是要"争千秋"啊！

想一想，"我"这个字是哪两个字的组合？是"手"和"戈"对不对？老祖先造字真有创意，"手拿着刀剑、干戈"，竟然变成"我"这个字，所以人常常是很自私、有自我防卫的意识的，谁冒犯我、惹我、欺负我，我就拿"武器"和他拼命、打架。

可是，这样值得吗？前些时，有些失学的青少年，无所事事搞帮派，为了抢地盘，就把昔日同学砍死；一名女研究生，为了博士班的男友，把同班好友(情敌)用化学药剂害死；也有一父亲在暴怒时，一时失控，一巴掌把小女儿的耳膜打破，造成终身耳聋！且让我们记得：愤怒，是片刻的疯狂！

我们不能让自己的情绪只有"幼儿园的程度"，我们必须学习"转念"，

"少点怨恨，多点包容"、"多洒香水、少吐苦水"，让负面的思绪远离，而用乐观的正面思绪来迎接人生！

所以，"EQ 高手"也必须了解人际沟通能力的重要，因为"山，不需要依靠山，但是，人，需要依靠人"！让我们珍惜每次相遇、相处的机会，学习"给人信心、给人欢喜、给人方便"；同时，也别忘记生活，好的情绪来自喜悦，喜悦来自真心接纳！

让坏情绪来得快去得更快

你可曾毫无理由的想朝某人大发雷霆，或是为平时不屑一顾的小事而痛哭流涕？你很可能正处于情绪低潮期、坏情绪中。不只你一人有过这样的经历。密歇根大学的一项调查表明，日常生活中，人们有十分之三的时间会脾气古怪、爱发牢骚、易怒，却不知道原因何在。

似乎你的恶劣情绪属于没有根由的突发事件，但实际上坏心情差不多总是归因于一些烦心事儿。比如跟丈夫吵架，或是跟升职失之交臂等。紧张时刻，突发的刺耳的、电话铃声或是隔壁孩子的吵闹声都可能让牢骚症患者发病。

脾气古怪与忧郁并不等于抑郁症。坏心情持续几小时或是几天就会自动消失。如果情况依旧，并且这种情绪已经影响你的工作或日常生活，那就转变为抑郁症了。这时候你就该寻求专家的帮助。精神萎靡并不会将你打垮，我们为你准备了 10 个不妨试一试的"坏心情清除术"，你只要用5分钟或更少的时间就能完成。

1. 采取直接行动

为一件事烦恼可能会花几天时间，而采取直接行动解决它只要几分钟就够了。比方说，求职面试后你迟迟得不到通知结果，你为此心神不宁。别烦自己了，马上打电话给面试你的人事主管，不管是福还是祸，你的紧张心情总会有个着落。

2. 依靠朋友帮忙

如果你没坐下来，找其他人和你一起检查问题根源，那你的结论难免会有失偏颇。选一个朋友帮你把问题看清楚，给自己 5 分钟，在电话里和他谈一谈。别担心自己会惹人烦，朋友交往就是让你去麻烦的。不过一定别忘了要问问他最近生活得怎么样,这不仅是出于礼貌,同时也是转移对自身的注意力、迅速摆脱忧虑的好方法。

3. 放任自己,顺其自然

是的,有时最明智的摆脱坏心情的做法就是别抑制它,而是任其发泄5分钟。抑制情绪的结果往往是使其更加恶化, 而感情是需要释放出来的。因此,当你无法查清问题根源,或没找到直接的办法可以排解恶劣情绪时,那就顺其自然吧!你的坏心情会过去的,只不过要设定好自我放纵的界限。

4. 伪装好心情

实际上通过伪装好心情,会让你感觉更愉快些。深呼吸,绽放一个笑容并对自己说:"过5分钟一切都会变好。"然后努力使自己好起来。

5. 停止拖拖拉拉

旧金山心理学院的心理学专家玛莉·拉米亚博士指出,做事拖延常常令人牢骚满腹、心情沮丧。试着催促自己加快步伐,花5分钟时间从小处入手,这会让你离目标更近一点。举个例子,如果你正在找工作这事儿上拖拖拉拉,那就打出简历来,并找出你感兴趣的那家公司的地址。你会在做这些工作的过程中得到成就感,同时,这也会为你提供前进的动力。

6. 回忆幸福时光

当邻居羡慕你培养孩子的方式时,你感到多么高兴;当你的老板征求你的意见时,你有多么骄傲。记下别人对你的赞美和你取得的成绩,当你需要肯定自己是多么优秀时,花5分钟时间回忆一下。

7. 甩掉包袱

工作过多而感到不胜负荷可能是郁闷心情产生的根源。最好的解决办法就是尽量减少工作表上的内容,到环境幽雅的地方吃晚餐,让家里人自己洗衣服(你只要花上5分钟时间告诉他们怎样操作就够了)。日常杂务如何安排让你为难么?用5分钟时间把该做的事情列个清单,这样你就会感到一切尽在掌握之中。比如每天查看一次电子邮箱,丢掉未打开的垃圾信件,或者晚饭时让留言机接听电话。

8. 保持充足的水分

每天你的身体需要大约 8 杯水才能保证你精力充沛、精神旺盛。别等到你觉得口渴时才喝水,因为那意味着你已经脱水了。因此,工作时,应该永远将水杯放在触手可及的地方。

9. 唱你最喜欢的歌

很多资料表明,音乐能改变人的情绪。花5分钟哼唱你最爱的那首古老而经典的歌儿,感受新的自我。大胆地高声唱出来,这样效果会更好。

10. 把烦恼扔掉

有些问题根本没有解决的办法,因此你必须让它按自身的方式发展。试试下面的小窍门:把你关心的事情写在一张纸上,将这张纸揉碎,扔进废纸篓里;或者想想麻烦事就像洗澡时身上的肥皂泡沫顺着身体盘旋流走。思想控制情感,因此,如果你设想烦恼消失了,实际上你就会感到豁然开朗,坏心情也随之一扫而光。

工作的乐趣与价值

一位退休的老人,在乡间买下一座宅院,打算在那安度晚年。但不幸的是,在这宅院的庭园里,种着一株果实累累的大苹果树。邻近的顽童,几乎是夜以继日地来"探视"这株苹果树,同时还带来了石头或棍棒。

想安享宁静的老人的玻璃常被击破。有时,不堪喧闹的她会走到庭院中驱赶树上或园中的顽童,而顽童回报老人的,则是无数的嘲弄及辱骂。老人在不堪其扰之余,想出一招儿妙计。

有一天,当她如往常一样,面对满园的顽童时,她告诉他们,从明天起,她欢迎顽童们来玩,同时在他们离去时,还可以到屋子里向老人领取一块钱的零用钱。

孩子们大喜,如往常一样地砸苹果,戏弄老人,同时又多了一笔小小的收入,故此天天来园中玩得乐不思蜀。

一个礼拜过去后,老人告诉小孩们,以后每天只有五毛钱的零用钱。顽童们虽然有些不悦,但仍能接受,还是每天都来玩耍。

再过一个星期,老人将零用钱改成每天只有一毛钱。孩子愤愤不平,群起抗议:"哪有这种事,钱愈领愈少,我们不干了,以后再也不来了。"

从此,庭园中恢复了往日的幽静,苹果树依然果实累累,不再饱受摧残。

聪明的老人为了对付贪心的小孩,在原本只为了兴趣而快乐的事物上加入酬劳,再假以时日,使酬劳逐渐降低,终而使兴趣失去了。原本能够使自己快乐的游戏,也因酬劳的失去,而再也没有任何乐趣可言。

或许不止小孩子是这样,在工作上也常能发现这种现象。因为金钱的缘故,而使我们原本热爱的工作失去了魅力。然后,人们开始诅咒金钱是万恶的,因为加入金钱,而使得单纯的工作兴趣不再有意义。事实上,金钱非善也,亦非恶也,贪财才是万恶的根源。真正犯错的,并不是金钱,而是我们对工作与金钱的态度是否正确,是我们对付出与获得的心态能否达观。

我们可以再一次去审视自己的工作,清楚地分析出自己为何要从事这项工作,而从事这项工作的最终目的何在,然后回想自己从事这项工作时起初的心愿。最后紧紧把握住这份心愿,就不会为起伏不定的酬劳所迷惑,从而能从工作中获得最大的乐趣。

莫为金钱所产生的阻碍而使我们原本单纯热爱工作的心态丧失了。时时弄清楚自己的定位,就能在工作及日常生活中获得极大的快乐。而这份快乐,也将为我们带来更多的人缘和更大的财富。

第五章

正确的选择+适时的放弃=成功

有许多人，就因为一生都在走直路、短路，结果每每走进死路里，把大好的时间和年华都浪费掉了。人生需要选择走些弯路，但走弯路是为了走最近的路，以期最先到达。

要是走到每个路口都坐下来想半天走哪条路更便捷，那可能就是走得最慢的了。人生需要选择，也需要放弃，选择与放弃是成功的两个不可缺少的条件。

通向成功的两条路

不跟对方硬拼，以自己之强攻其弱，你就能夺取冠军。学会选择，学会放弃，你才能成为自己的冠军。

一位搏击高手参加锦标赛，自以为稳操胜券，一定可以夺得冠军。出乎意料的是，在最后的决赛中，他遇到一个实力相当的对手，双方竭尽全力出招攻击。当比赛打到了中途，搏击高手意识到，自己竟然找不到对方招式中的破绽，而对方的攻击却往往能够突破自己防守中的漏洞，有选择的打中自己。比赛的结果可想而知，这个搏击高手惨败在对方手下，也无法得到冠军。

搏击高手愤愤不平地找到自己的师傅，一招一式地将对方和他搏击过程演练给师傅看，并请求师傅帮他找出对方招式中的破绽。他决心根据这些破绽练出足以攻克对方的新招式，决心在下次比赛时打倒对方，夺取冠军。

师傅笑而不语，在地上划了一道线，要他在不擦掉这道线的情况下，设法让这条线变短。

搏击高手百思不得其解，怎么会有办法能使地上的线变短呢？最后他无可奈何地放弃了思考，转而向师傅请教。

师傅在原先那道线的旁边，又画了一道更长的线。两者比较，原先的那道线，看来变得短了许多。师傅开口道："夺得冠军的关键，不仅仅在于如何攻击对方的弱点，正如地上的长、短线一样。如果你不能在要求的情况下使这条线变短，你就要懂得放弃从这条线上做文章，寻找另一条更长的线。那就是只有你自己变得更强，才是打败对手的根本。"

徒弟恍然大悟。师傅笑道："搏击要用脑，要学会选择，攻击其弱点，同时要学会放弃，不要跟对方硬拼，以自己之强攻其之弱，你就能夺取冠军。"

在获得成功的过程中，在夺取冠军的道路上，有无数的坎坷与障碍，需要我们去跨越、征服。人们通常走的路有两条：一条路是学会选择攻击对手的薄弱环节。正如故事中的那位搏击高手，可找出对方的破绽，给以致命的一击，用最深奥的技术和技巧，快速解决问题。

另一条路是学会放弃，不跟对方硬拼，全面增强自身实力，在人格、知识、智慧、实力上使自己加倍成长，更加成熟，更加强大，以己之强攻敌之弱，使问题迎刃而解。

学来的智慧

正确的选择，恰当的放弃是一个人的立世之本，但并非每个人都能做到，成功与否，要看我们能否合理取舍。

14 岁那年，卡尔搭便车离开德克萨斯的休斯顿。卡尔在追寻着他的梦想，头顶艳阳，到处漂泊，先到加利福尼亚州，后又来到夏威夷。快到爱坡索地区的时候，卡尔在街道拐角碰到一个讨饭的老头。他看卡尔行色匆匆，就叫卡尔停下来。他问卡尔是不是从家里偷跑出来的。卡尔告诉他根本不是的，因为是他爸爸开车把卡尔送到休斯顿的高速公路上，还为卡尔祈祷说："儿子，追逐你的梦想和憧憬非常重要。"

那个乞丐说要为卡尔买杯咖啡，卡尔说："不，先生，我想来点苏打水。"他们走到拐角处的啤酒店，坐在一对转椅上，喝着饮料聊着。几分钟后，这个友善的乞丐要卡尔跟着他，说有重要的东西要给卡尔看并与卡尔一同分享。他们穿过几个街区来到爱坡索市的图书馆。

老乞丐把卡尔领到一个座椅旁，让他稍等片刻，他自己则在书架中找到那些特别的东西。不多一会儿，他怀抱着几本旧书回来。他把旧书放在桌上，在卡尔身边坐下来开始发话。起头的几句意义非凡的话改变了卡尔的生活。他说道："我要教你两件事，小伙子，它们是：第一切记不要从封面判断一本书的好坏，因为封面会蒙骗人。"

他接着说："我敢打赌你认为我是个叫花子，是不是，小伙子？"

卡尔说："是的，我猜你是的，先生。"

"小伙子，我想你会大吃一惊的。我是世界上最有钱的人，人们想要的东西我都有。但一年前，我的妻子死了，自那以后我开始沉思、反省生活的意义。我认识到生活中的许多东西我都还没有体验过，比如做一个沿街乞讨的叫花子。于是我放弃了荣华富贵，选择做一年叫花子。所以，不要以貌取人，那会受骗的。"

"第二是学会如何读书。因为只有一种东西别人无法从你身上拿去，那就是智慧。”说到这，他伸出手握住卡尔的右手，把刚从架上抽出的书放在卡尔的手上。那是柏拉图和亚里士多德的著作——从古至今的不朽经典。

成功者选择的四大方略

（一）选择好你的方向

如果你不知道自己的方向，你就会谨小慎微，裹足不前。

不少人终生都像梦游者一样，漫无目的的游荡。他们每天都按照熟悉的“老一套”生活，从来不问自己：“我这一生要干什么？”他们对自己的作为不甚了了，因为他们缺少目标。

制定目标，是意志朝某个方向努力的高度集中。不妨从你渴望的一个清楚的构想开始，把你的目标写在纸上并定出达到它的时间。莫将全部精力用在获得和支配目标上，而应当集中于为实现你的愿望去做、去创造、去奉献，因为制定目标可以带给我们满足感。

设想自己正在迈向目标，这尤为重要。失败者常常预想失败的不良后果，成功者则往往设想成功的奖赏。从运动员、企业家和演说家身上，我可以看到设想成功的重要性。

（二）选择好你的朋友

一位年轻人 17 岁时离开北卡罗来纳州的农场，只身前往巴尔的莫马丁飞机公司求职。在被问到他想做什么工作时，年轻人回答说：“干什么都可以。”

年轻人解释说，自己的目标是学会场里的每一项工作，他乐意去任何一个部门。年轻人被录用后，一旦管理员确认他的工作不比别人逊色，他就提出去另一个部门，从头开始。人事主管同意了这一不寻常的请求。到年轻人年满 20 岁时，他已从这家大工厂脱颖而出，承担起实验方案的攻关，薪水相当不菲。

年轻人只要去一个新的部门，总是去向经验丰富者请教。而一般的新手通常会避开这种人，生怕靠近他们会使自己看上去像个初出茅庐者。

年轻人向这些人请教他所能想到的每一个问题。这些人也很喜欢这个不耻下问的年轻人，遂把自己摸索出来、别人从未问过的捷径指给他。

这些热心的人成了年轻人的良师益友。无论你的目标是什么，都要计划跟那些比你更懂得的人发展关系，把他们作为你努力的榜样，不断调整、改进自己的工作。

(三)选择一个梦想

成功者与失败者之间最大的区别，通常在于毅力。许多天资聪颖者就因为放弃了，以致功亏一篑。然而，成就辉煌的人绝对不会轻言放弃。有人说得好，成功者不过是爬起来比倒下去多一次而已。

丹尼尔?卢迪是一位富于鼓动性的演说家。他在伊利诺斯州乔列特长大，从小就耳闻圣玛丽大学的神奇传说，梦想有一天去那儿的绿茵场踢足球。但朋友们对他说，你的学习成绩又不够好，又不是公认的体育好手，休要异想天开了。因此，卢迪抛弃了自己的梦想，到一家发电厂当工人。

不久，一位朋友上班时死于事故，卢迪对此震骇不已，突然认识到人生是如此短暂，以致你很可能没机会追求自己的梦。

1972年，卢迪23岁时在印第安纳州圣十字初级大学就读。卢迪在该校很快修够了学分，转入圣玛丽大学，并成为帮助校队准备比赛的“童子军队”的一员。

卢迪的梦想很快要成真了，但他却未被准许比赛。翌年，在卢迪多次要求后，教练告诉他可以在该赛的最后一场穿上球衣上场比赛。在那场比赛中，他身着球衣在圣玛丽校队的替补队员席就座。看台上的一个学生呐喊道：“我们要卢迪！”其他学生很快一起叫喊起来。在比赛结束前27秒钟时，27岁的卢迪终于被派到场上，进行最后一次拼抢。队员们帮助他成功地抢到了那个球。

卢迪的故事说明：你只要怀有梦想，便没有办不到的事。

(四)回顾并更新你的目标

当你达到了自己的目标，或是向它迈进了一步时，不妨庆祝一下。用你所喜欢的任何方式，来纪念那一特殊的时刻，重燃理想之火。

但不应该就此止步。在一个目标达到后，许多人便松懈下来了。正因为如此，今年排名第一的销售代理，很可能成为明日黄花。我在一幢旧宅里住了多年。每当我在寒冷的日子里调温度调节器时，年代久远的取暖器必定燃烧得更旺，直到温度升上新的一档。而一打到我定的温度，它便自己停下来，温度不再往上升。

人类也趋向于那个取暖炉。我们很容易满足于自己已达到的目标，不再要求上进。其实，为了不让希望落空，我们应当制定新的目标，不断向新的高度攀登。

成功的放弃与选择

人难得有自知之明，即使是一些伟人，往往也会因为舍不得放弃而犯错。巴尔扎克在初期创作失败后投笔从商，去当出版商。这个外行的出版家受尽欺骗，很快就失败了。紧接着，他又当一家印刷厂的老板，无论怎样拼命挣扎终是失败，从此欠下了不少债，债务也越滚越大。警察局下通缉令拘禁他，债权人也搅得他没有一刻安宁，他只好隐姓埋名躲了起来。此时他终于醒悟，多年来自己游移不定，根本没有集中精力从事文学创作。于是他夜以继日地认真写作，成为惊人的高产作家。然而直到逝世前，他还欠着 21 万法郎的巨额债务，这不能不说是一位天才的悲哀。

职业选择需要舍弃，许多椅子里只能选择其中的一把。人在面临选择的时候是脆弱的，因为目标只能确定一个。也因为这，人们才会凝聚起人生的全部合力，将其攻下。确定了目标选定了路，不管路有多崎岖，同行者怎样寥寥，你都要忍受孤独和寂寞将它走完。尤其在诱人的岔路口，你必须不改初衷，有心无旁骛的坚定信念和超然气度。

人的自我定位如此，企业的自我定位也是如此。“诺基亚”放弃了包括当时市场很好的电视在内的许多产品，独选了当时市场不怎么看好的无线通讯产品。“诺基亚”成功了。我们有很多企业却像万能手一样什么行业都想涉足，只要哪行赚钱就干哪行，一个品牌承受着太多产品的拖累。像这样的企业太多了，一荣不能全荣，但一伤肯定是俱伤的。

舍得舍得，有舍才有得。去除那些对你是负担的东西，停止做那些你已觉得无味的事情。只有放弃才能专注，才能全力以赴。

见到房东正在挖屋前的草地，一个房客不可思议地问：“这些草你要除掉吗？它们是那么漂亮，而你又花了多少心血呀！”“是的，问题就在这里。”他说，“每年春天我要为它施肥、透气，夏天又要浇水、剪割，秋天要再播种。这草地一年要花去我几百个小时，谁会用得着呢？”

现在，他在原先的草地上种了一棵棵柿子树，秋天里挂满了一只只红彤彤的"小灯笼",可爱极了。这柿子树不需要花什么精力来管理,使他可以空出身子干些他真正乐意干的事情。

有目的地放弃已拥有的,并且平静地等待失去,是成功必备的心态。如果你清楚地知道,自己身上的恶习会阻碍自己拥有成功,你会不会放弃?如果你知道,与别人斗嘴而生气,是你在帮对方一同气你,你会不会放弃生气?如果你知道,你爱的人移情别恋,你是放弃她还是等待她?如果你丢了钱,是否会因此失去一份开心的心情?

在你做错事的时候,在有些东西影响你的时候,在你心情不好的时候,在你失败的时候,记得放弃。

当你决定要健康的时候,可能要放弃睡懒觉,可能要放弃巧克力糖,可能要放弃美食……要成功,你就必须知道你要放弃什么。

你必须问自己:"为了要达到目标,我必须放弃哪些事情?为了使我更成功,必须停止哪些事情?"当你能够以这样的思考模式来转换你的思想,来改善你的行动方案时,你就会变成一个非常积极、非常有行动力的人。当你每天做成功者每天会做的事,舍弃失败者常做的事,你就一定会成功。

鱼和熊掌不可兼得,关键看你想不想成功。

成功的阶梯

从别人的轻蔑中,可以看出自己的微不足道。上进的人会拿别人的"白眼"作梯子,一步步青云直上。

在林肯尚未发迹时,曾是一个毫无声望的年轻律师。有一次,他为了一件重要的诉讼事件起诉到芝加哥。当地的几个著名的律师,对他毫不欢迎。他跑去拜见,也到处受人白眼。因为那些律师自视清高、目中无人,认为自己和这样一个年纪轻、资格浅的人往来,未免有失身份。

那么,林肯怎样看待他们的侮辱呢?他把眼睛抬得更高,也用鄙视的态度来答复他们吗?不!如果他这样做,恐怕后来也不会享有那么大的名望了。

当他回到斯普林菲尔时,他对别人说:"我从他们的白眼中,看出自己的学识经验,实在还远不够用。我发现自己应该学习和尚未学习的事还多着哩！”

侮辱，促使林肯更加努力上进，后来果然爬到了很高的地位，当了总统。而那些从前侮辱过他的人，却还在做个平凡的律师。林肯抓住了他们送给他的“轻视”，拿来当作一架梯子，一步步地青云直上。

当然，鄙视轻蔑和调戏嘲弄是不同的，但它们产生的效果却是一样的。从前罗斯福总统就曾大大受过朋友嘲弄的恩惠。那些朋友们对于他丑陋的长相和虚弱的体格常常调笑，因此激起了他的奋发之心，到西部去把身体练好。当他被人戏弄时丝毫不为保住面子而竭力辩解而是完全坦然接受下来。

有一天，他在北德兰德斯，与许多同伴砍伐一块空地上的树木，以便在那里建筑一栋屋子。当傍晚下工时，工头问他们每人砍了几株，有一个喜欢开玩笑的工人说：“皮尔砍了 35 株，我砍下 49 株，罗斯福则只有 17 株。但他更辛苦，因为他是用牙齿咬下来的。”罗斯福在旁听了，想想自己所砍下的树，切口上确实是斧迹高低不齐，好像咬下来的一般，不禁连自己也笑起来了。他老实承认自己的成绩比起别人的，确实是相差很远。

又有一次，那时罗斯福是北德兰德斯牧场的主人，常常外出打猎。他为了知道射猎山羊的诀窍，打听到某处有一位著名的猎师叫威尔斯，便写信去请他来做教师。那封信的末尾说：“你想如果我去射猎一只白山羊，能够如愿以偿吗？”

那位猎师原是一个粗人，不懂礼貌，就在罗斯福那张信纸的背面，写了一封回信说：“假使你的猎术没有你的写信技术高明，那你即使看见山羊从你面前奔过，你也休想碰掉它的一根毫毛。”

如果罗斯福是一个好高自大、不能忍受丝毫侮辱的人，那他接到这封回信一定会勃然大怒，绝对不会再向那得罪他的猎师请教了。但他当然不会这样做。他打了一个电报去，请那位猎师立刻动身前来。

罗斯福深知，那位粗鲁但爱讲实话的猎师比一些只知百般谄媚奉承、对于自己的话言出必从的人好得多。

失败是成功之母

人生难免遇到失败，然而失败不要紧，要紧的是从失败中及时地吸取教训，调整自己的身心状态，避免重蹈覆辙。

“败军之将不言勇”正是“勇”者的表现。失败了就是败了，何必夸夸其谈，为己开脱，倒不如端正态度，从失败中找出原因、教训，以为后戒。

苏秦就是一个善于从失败中崛起的典型人物。如若没有第一次出游列国失败，又遭受亲人邻里奚落，他也不一定会日夜勤读，以锥刺股，大大提高了自己的水准，最终挂上六国相印。

曹操虽说他的军事才能不逊于孙子，但也难免吃败仗，然而他从不因一两次的失败而郁郁寡欢。他屡败屡战，不停地在战斗中提高战略战术水平。

“他山之石，可以攻玉”。不仅要总结自己失败的经验教训，总结他人的经验也是十分必要的。在这方面，唐太宗的做法是很出色的。

某年，宰相房玄龄上奏：“刚才我检点兵器库，发现库存少于隋代，请陛下降旨，尽快补充。”

太宗听后答：“要抗外敌，兵器库必须充实。然而今天的当务之急是用心于国内政治，改善人民生活，国家需休养生息，隋炀帝之所以灭亡，不在于他兵不精，将不广，而是因为他不舍仁义，招民怨所致。我们不能重蹈覆辙呀！”

太宗曾对左右说：“所谓长生不老之术，乃神仙鬼怪之流的谎言，人间根本不存在。秦始皇在位时，虽广求神仙之药，却让方士代为尝之；汉武帝亦感于仙术，故意将女儿嫁与方士，但得知是骗局而杀方士，并连累很多人。我们一定要从中吸取教训……”他还常说：“以古为镜可以知兴衰，以人为镜可以知得失。”可见太宗确是一个懂得以前人失败为鉴，反省自己的贤明君主。

“失败乃成功之母”，要想成功，就不要怕失败；要善于从自己、他人的失败中吸取教训，吃一堑，长一智，为下次拼搏做好充分准备。

先播种后收获

只有先播种，才会有收获。如果你的付出超过获取，那么迟早会得到回报。你所播下的每一颗种子都必将会发芽并带来丰收。

诺德史东家族发迹于 1920 年西雅图的一家简朴的鞋店，并发展成为连锁百货企业。这家企业以服务和乐于取悦顾客而闻名。顾客在数年之后还可以将所购买的衣服，以不满意为由要求退货，销售人员会在全国各分公司寻找顾客想要的衣服尺寸和颜色。一位女售货员甚至代表一位忘记送母亲节贺卡的顾客寄送贺卡。

百货公司的行政人员的这种细心为顾客服务的政策，也受到顾客们的滥用。有些顾客买了衣服之后只穿了一次就退货。也有些顾客特别订购了一些衣服但不来拿，有些人甚至将诺德史东的售货人员当做自己的佣人一样来使唤。但这些丝毫没影响公司的营业收入，因为诺德史东以比其他同行更优良的服务，吸引了广大的忠诚顾客。当经济不景气，致使许多同行结束营业或裁员之际，诺德史东却仍能在全国维持小幅稳定地增长。除非真的找到一批新员工能认真执行公司“多付出一点点”的政策，否则诺德史东是不会轻易增加新店员的。

成功学家拿破仑·希尔的经历也是一份珍贵的经验。他还在乔治城大学就读法律系时，就已接受卡耐基委托出版一本关于成功哲学的书。除了从卡耐基那儿得到一些旅费补助之外，其他一切费用都由拿破仑?希尔自行负责。

拿破仑·希尔说：“我对这份工作的奉献，使自己承受了不少的负担。我必须赚钱养家，而且许多亲戚都嘲笑我。但尽管有这些阻力，我还是为这项任务工作了 20 年。在此期间我拜访过知名企业的总裁、发明家、创始人以及著名的慈善家，由于这些人通常都不知道他们的成功原则（因为他们只是去做而已），所以我必须花许多时间来观察他们，并确定我原先假设能发挥功效的力量是否真的在发挥功效。因此除了赚取生活费之外，我还必须为这些人工作。处在亲戚们的嘲笑和辛苦工作之间，有时真的很难保持积极心态和不屈不挠的精神。有时当一个人待在无聊的旅馆房间里时，甚至会觉得我家人的想法才是正确的。支持我向前迈进的力量使我确信，我不但能完成这本著作，而且当我完成它时会为自己的成功感到骄傲。”

正是因为拿破仑·希尔不计报酬，甘心付出了 20 年的辛勤劳动，他最终才成为了世界闻名的成功大师。

优势下的陷阱

许多时候，我们不是跌倒在自己的缺陷上，而是跌倒在自己的优势上，因为缺陷常能给我们以提醒，而优势却常常使我们忘了去选择和放弃。

三个旅行者同时住进了一个旅店。

早上出门的时候，一个旅行者带了一把伞，另一旅行者拿了一根拐杖,第三个旅行者什么也没有拿。晚上归来的时候,拿伞的旅行者淋得浑身是水,拿拐杖的旅行者跌得满身是伤,而第三个旅行者却安然无恙。于是前两个旅行者纳闷地问第三个旅行者:“你怎么会没事呢？”

第三个旅行者没有回答，而是问拿伞的旅行者:“你为什么会淋湿而没有摔伤呢？”

拿伞的旅行者说:“当大雨来临的时候，我因为有了伞就大胆地在雨中走,却不知怎么淋湿了。当我走在泥泞坎坷的路上时,因为我没有拐杖,所以走得非常仔细。专拣平稳的地方走,所以没摔伤。

然后,他又问拿拐杖的旅行者:“你为什么没有淋湿而是摔伤呢？”

拿拐杖的说;“当大雨来临的时候,我因为没有带雨伞,便拣能躲雨的地方走,所以没有淋湿;当我走在泥泞坎坷的路上时,我便用拐杖拄着走,却不知为什么常常跌伤。”

第三个旅行者听后笑笑说:“这就是我安然无恙的原因。当大雨来时我躲着走,当路不好时我小心地走,所以我没有淋湿也没有摔伤。你们的失误就在于你们有凭借的优势,认为有了优势便少了忧患,不懂得去选择去放弃。”

第三个旅行者才是真正的旅行者,他的旅行没有思想包袱,他懂得放弃,同时也学会了选择,所以他既不会被雨淋也不会跌伤自己。

戴尔的经验

学会放弃机会的胆识有时比发现并追求一个机会更为重要。

戴尔公司的经验证明，人可以发掘并掌握大家原本以为不存在的机会;想要做到以非传统的方式思考,不必是天才,也不必是先知,甚至不用大学文凭,所需要的只是一个架构和梦想。

“DELL”与“直销”是一组关联度很高的词语搭配,在很多场合,听到人们这样谈论、这样评说。除了“直销”这个表象之外,“DELL”成功的深层原因是什么？有哪些核心的要素值得中国企业借鉴？

戴尔本人坚持认为，要摒弃不必要的中间环节。用他个人的经历可以说明一点：有一天，戴尔在杂志上看到一则广告，大意是说“通过某种测试即可拿到高中文凭”云云，他便发出了一封申请信函。当测试中心人员上门来找迈克尔·戴尔先生时，她惊讶地看到，一个穿着红色儿童浴袍的小男生应声出现在她面前。那年戴尔 8 岁，正上小学三年级。

我们当然可以对这段趣闻将信将疑或者干脆一笑了之，但我们还会继续看到这样一组“回放镜头”：5 岁生日时戴尔得到了第一台电脑，随即将它解体完毕，动作完成是熟门熟路；16 岁的戴尔在为某报纸联系订户是通过细分市场的方法轻松找到了数千张订单；18 岁的戴尔开着卖报纸赚钱买来的宝马去大学报到第一天，后排座位放着三部个人电脑；1984 年“DELL”公司以 1000 美元的注册资金在大学宿舍里成立，电脑升级销售的生意成长得如此之快，年轻的戴尔开始考虑“全职”从事这一充满潜力的事业，并办了退学，当时他只读完了大学一年级，由此我们便不由自主地感叹于这个美国年轻人对兴趣的追求、对商机的把握、想到就做的果断以及那种既然要做就抛掉一切去做到最好的执著。

当然，“DELL”的“直销”模式也不是一帆风顺、一成不变发展到今天这个样子的。在起初的“直接模式 1.0 版”，“DELL”不经专卖店或零售渠道，在从设计制造到销售的整个过程中与顾客建立直接联系，聆听他们的意见，确保把他们的所需尽快送达他们手中。由于销售人员的全部中心都摆在顾客身上，不同顾客的需求差异很快凸现出来，这使得了“DELL”公司一直坚持市场细分化、提供个性化的专门产品和服务、针对特定顾客不断拆分出专门的经营团队进行独立运作，以保证公司决策的迅速有效以及服务的周到细致。这在长期以来解决了“DELL”公司自创立伊始就存在的困扰：如何在业务逐渐扩大的同时，还能维持稳定而持续的增长。

1989 年，“DELL”公司经历了第一个重大的挫折，起因于库存过量，这令一向以库存管理享有美名的戴尔本人大吃一惊。为了满足飞速增长的顾客需求，公司必须购买零部件，当时的做法不是像以后那样追求用尽可能少的部件种类满足更多的顾客需求，而是买进了所有可能买到的存储器以及其他的许多东西。但几乎在一夜之间，存储器的容量从 256K 提升到 1MB，积压品价格大幅滑落。

以低价摆脱大量库存引发了一系列的问题：收益减少、每股盈余微薄、为补贴损失被迫提高产品价格、放慢成长速度、暂缓到新国家成立分公司、公司有史以来第一次无法提供免费送货服务。

这次的教训使得“DELL”公司重新发现并深刻认识到存库管理的价值和重要性,并在“直接模式 1.0 版”中从设计环节就开始注意节省每一个步骤的完成时间,提高每一部预测的准确度。信息的品质与过量库存的数量成反比。由于缺少了传统模式中的库存量,就必须精确计算出,从旧产品过渡到顾客对新产品快速产生需求的这一断层时间有多长。对信息收集与分析的重视,造就了今天的“DELL”公司,用他们的话说就是:“信息资料是带动我们在正轨上前进的引擎。”

对于“有所为,有所不为”的东方哲理,“DELL”公司是通过在实践中不断修正错误做法而学习的。1990 年前后,很多更大的公司都是采取间接销售的形式,业界也广泛传闻如果“DELL”光靠直接上销售绝对不可能获得持续成长,于是“DELL”也开始在零售店或连锁专卖店销售自己的品牌电脑。

4 年后,电脑零售业增长率大于 20%。这是否就意味着“DELL”零售渠道赚到了利润呢?经过仔细分析,无论是竞争者还是“DELL”本身,在这个部分都几乎没赚到钱！于是,就在大肆宣传“DELL”将在沃尔玛超市销售产品后,迈克尔?戴尔毅然宣布完全退出零售环节的营运。

这一果断行动的价值并不在于从财务报表上扳回了几个点，而是使公司重新找回了一种专注:零售与直销兼有模式下的资源冲突、产品规格不统一、支持服务双口径等等问题得到解决,顾客对“DELL”的定位与特色有了更清晰的认识和更直接的判断。自此以后,“DELL”每年重大目标的出台都以“资金流通、获利和成长”的整体原则为基础。应该说,这种学会放弃机会的胆识有时比发现并追求每一个机会更为重要。

执著有时意味着拘泥,革新有时会导致放弃应有的固守,我们很难在这些模糊的两极概念之间找到精确地分界点。然而,“DELL”在实践中做到了“执著”与“革新”的统一。当“DELL”在直接销售面前向个人消费者的个人电脑销售取得成功以后，许多人出来质疑一些超大型企业能习惯于这种销售模式吗？技术含量更高的服务器产品难道也可以走上“直接销售”之路吗?

"DELL"公司用事实回答了这些问题,并把这些突破的取得主要归功于以下几点:适时减慢固有方向上的增长速度,以获得时间来思考哪里是下一个更值得去从头开拓、去努力冲刺的方向;专心拓展"直销模式"的核心竞争优势,抓住线,带动面;永远虚心地从顾客那里聆听,保持与顾客的亲近,发掘出藏在运营各环节中的良机。然而,对于"DELL"来说,更具革命性的契机来自于www.dell.com。迈克尔·戴尔曾经说过:"我宁可膨胀一个伟大概念的重要性,也不愿低估它。"网络,在这里被看做是"直接模式"的延伸,并借此发展出与顾客之间更加紧密的关系。对网络的重视渗透到了"DELL"公司的各个角落,只要哪里有"DELL",哪里就一定会出现www.dell.com。他们甚至并肩出现在德国举办的欧洲管理小组会议指示厕所的标示牌上。

网络的革命性,在于它改变了"DELL"的经营模式。公司要求每个经理从Amazon购买一本书以感受网络生活的奇妙。对于那种担心员工在网上冲浪的想法,戴尔认为那种想法就好比"不要教公司的人识字,因为他们可能会整天看书而不做事"。

顾客可以通过"DELL顶级网页"取得"密码保护"、"专为打造的DELL产品和服务"的信息。不仅如此,他们还可以追踪货品进度,得到销售、服务和支持小组成员的联络资料,查询订货是否已到顾客所在地的储货区,以及何时可以运抵他们那儿。到1996年,"DELL"的网上销售额就已达到每天10000美元并且持有利润,相对于Amazon的每季度1500万美元而且财务上一直亏损的状况,"DELL"的数字一宣布,正如戴尔所言:"整个产业的聚光灯便转到我们身上。"

给车胎放气

有一道脑筋急转弯:飞机在高空中盘旋,目标紧紧咬住装载紧急求援物资的卡车,就在这危急时刻,前面出现一个桥洞,且洞口低于车高几厘米,问卡车如何巧妙穿过桥洞。

这道题的答案就是:把车轮胎放掉一部分气即可。在生活中时常会品味这道叫人常品常新的"难题"。开始时不是一筹莫展,搞得焦头烂额,就是硬往前撞,哪管它三七二十一,死了也悲壮。这固然表明一个人的勇气和自信，但往往会适得其反，事情会更扯不清。毫无价值的牺牲，最终受害的是自己。吃一堑长一智，我们每逢遇到类似的难题时，就会如文中开车的司机一样，给车胎放一点气——低一低头。

纵观历史，也有类似的史事。三国刘备再三低头：从三顾茅庐到孙刘联合，每一次低头，都会踱到"柳暗花明又一村"，终于达到"三足鼎立"的辉煌。越王勾践深深低下高贵的头，以卧薪尝胆收回山河。

某人在广告公司谋事，由于年轻冲动，便轻而易举地得罪了经理。于是，在以后的日子里，每次开会他都自然而然成为会议的第一个主题——挨批。被批得面目全非的他，真想一走了之。但是他转念一想，如果真的走了，一些罪名不光洗不清，而且会被蒙上厚厚的污垢；再者，这是一家很有名气的广告公司，自己完全可以从中源源不断地"充电"。于是他坚持留下来，整理好乱七八糟的心情，低头实干，以兢兢业业的工作来为自己疗伤，以实实在在的业绩回击谎言。一笔又一笔的业务增添了他的信心，也让他积攒下了许多经验与财富。坦率地讲，最重要的是"给车胎放气"的处世哲学，让他受益。

漫漫人生路，有时退一步是为了踏越千重山，或是为了破万里浪；有时低一低头更是为了昂扬成擎天柱，也是为了响成惊天动地的风雷；如此的低一低头，即便是今日成渊谷，即便今秋化作飘摇落叶，明天也足以抵达珠穆朗玛峰的高度，明春依然会笑意盎然，傲视群雄。

不要轻言放弃

做事要有恒心。这是一句千古不变的至理名言。无可否认，人们渴望成功，眼睛紧紧盯着潮流和热点，唯恐落伍。当发现在自己的领域难以出人头地或者发现更有前途的行当时，就会毫不犹豫地"跳槽"、"转行"，抛弃自己数年甚至数十年的事业，到新的领域寻找成功的机会。于是，知识分子下海成为儒商，机关干部辞职干个体等等，然而很多人都咀嚼着因半途而废的痛苦。

实际上，成功的秘诀在于执著，成功偏爱执著的追求者。世界上许多名人的成功都来自于克服千辛万苦，持之以恒的努力，只有这样，你才会渐渐接近辉煌。稍有困难便更改航向或经不起外界的诱惑，恐怕只会远离成功。

对那些拒绝停止战斗的人来说，他们永远都有胜利的可能。

如果你发现自己所处的情势似乎与胜利无缘，那么，你可以发展一些对自己动机有利的行动。如果正面的攻击无法攻占目标，那么试试以侧面进攻。生命中很少有解决不了的难题，再困难的障碍也阻碍不了一个有决心、有动机、有计划，并且有足够的弹性来对抗情况变化的人。

许多失败，如果肯再多坚持一分钟，或再多付出一点努力，就可以转化为成功。

瑞典化学家塞夫斯特穆在1830年发现了元素钒。对这一重大发现，他以轻松风趣的科学童话般的笔调写道：

"在宇宙的极光角，住着一位漂亮可爱的女神。一天有人敲响了她的门，女神懒得动，等着第二次敲门，谁知这位来宾一敲之后就走了。她急忙起身打开窗子张望。'是谁家的冒失鬼呀？'她自言自语道，'啊，一定是维勒！'如果维勒再敲一下，不就见到女神了吗？过了几天，又有人来敲门，一次敲不开，继续敲下去，女神开了门，是塞夫斯特穆，他们相晤了，钒便产生了。"

同是科学家，但维勒浅尝辄止，而塞夫斯特穆却能持之以恒，最终得到女神的青睐。这就启发我们做事要有恒心。

让自己更有弹性

如果你看过《动物世界》或《东芝动物乐园》，你一定清楚，蜘蛛猿是一种很有趣的动物，它是生长在中南美洲、很难捕捉的一种小型动物。多年来人们想尽方法，用装有镇静剂的枪去射击或用陷阱捕捉它们，都无济于事，因为它们的动作实在太快了。后来，有人想了一个办法，在一个窄瓶口的透明玻璃瓶内放进一颗花生，然后等待蜘蛛猿走向玻璃瓶，伸手去拿花生时，就可以逮到它了。

因为当时蜘蛛猿手握拳头紧抓着那颗花生，所以它的手抽不出玻璃瓶，而那个瓶子对它来说又太大了，使它无法拖着瓶子走。但它十分顽固，或者是太笨了，始终不愿放下那颗到手的花生。就算你在它身旁倒下一大堆花生或香蕉，它也不愿意放开手中那颗花生。所以，这时狩猎者便可以轻而易举地抓到它。

有些时候，为了追求更适合自己的目标，我们就必须先放下手中的

"那颗花生"。这不是见异思迁,而是你愿意改变一些习惯,使自己更有弹性,愿意在尝试新的方法之前,先放弃一些现有的利益。

人生是个不断探索的过程,失败有时并不是由于你的能力、常识不足,而是由于你错误地选择了目标,而失败正是给予了你一个重新思考,从错误中解脱的良机。

美国著名的不动产经纪人安德鲁最初是葡萄酒推销员,这是他的第一份工作,他不知道还能干什么,于是他认为自己的目标就是"卖葡萄酒"。最初他为一个卖葡萄酒的朋友干活,接着为一名葡萄酒进口商工作,最后同另外两个人合作办起了自己的进口业务。这并非出自热情,正如他自己所说:"为什么不?我过去一直在卖葡萄酒。"

生意越来越糟,可安德鲁还是不愿放弃,直到公司倒闭。他不改行,是因为他不知道除了卖酒他还能干什么。

事业的失败迫使他去上一门教人们如何创业的课。他的同学有银行家、艺术家、汽车修理工,他逐渐认识到这些人并不认为他是个"卖葡萄酒的",而认为他是个"有才能的人"。他们对他的看法使他抛弃了原来的目标。他开始猛醒,仔细分析,探索其他行业,检查自己到底想干什么。最后,他选择了和夫人一起开展不动产业务,使他取得了推销葡萄酒永远不能为他带来的成功。

不同人生不同路

在人生奋斗中,不慎跌倒并不表示永远的失败,唯有跌倒后,失去了奋斗的勇气才是永远的失败。我们若以平常心观之,失败本身也就不足为奇。一个人若没经历过失败,就难以尝到人生的辛酸和苦涩,难以认识到生命的底蕴,也就不可能进入真正宁静祥和的境界。

其实,通向成功的路不止一条,不同的人可以选择不同的路。成功与否,往往不在于对道路的选择,而在于一旦选定了自己的路,便不再彷徨。所以,能否到达心中的目标,首先取决于你对脚下道路的信任。

当然,我们并不是说执著不好。

女娲补天、夸父逐日、精卫填海、愚公移山、大禹治水、卧薪尝胆……这些有关执著的故事。咬定青山不放松、百折千磨志不改、衣带渐宽终不悔、不到长城非好汉……这些执著的佳句脍炙人口。

“执著”的骨子里有一种素质：一种激情如火的素质，一种追求根源的素质，一种苦行僧式的素质，一种认准了目标死不回头的素质，一种固执己见永不迎合他人的素质，一种酷爱偏激的素质。具备这种素质的人常能创造出人间奇迹。弗洛伊德、拿破仑、贝多芬、梵高，还有吉尼斯世界大全一书中所记载的诸多人物，使我们这个世界变得有声有色。它们的性格中明显有着共同的一点，即执著。他们执著地将他们热爱的某项事业推向极致，什么也阻止不了他们，除了自身的死亡。可是，请记住，执著的梵高选择了绘画，却放弃了人生的荣华；执著的贝多芬选择了音乐，却拒斥了宫廷的御用。

执著并不是你将整个世界抓在手里。当你执著一种东西时，同时就选择了放弃另一种东西。执著的前提是你知道你要选择什么。学会放弃、善于放弃也不是执著的对立面。

旋转门

有位失败者去拜访一名成功者。他来到成功者面前，看到了一扇漂亮的旋转门。他轻轻一推，门就旋转起来，他被夹在两块透明玻璃间转进去，看到成功者正站在面前。

“你能不能告诉我成功有什么窍门？”失败者虔诚地问。

成功者用手一指他的身后：“就是你身后的这扇门。”

失败者回过头去，只见刚才带他进来的那扇门正慢慢地旋转着，把外面的人带进来，把里面的人送出去。两边的人都顺着同一个方向进进出出，谁也不影响谁。

就是这同一扇门，把里面的人送出去，把外面的人送进来。其实，我们每个人的心里都有一扇门，是用不同材料做成的。有的人是带锁的木门，成功快乐时就打开，而失败痛苦时就关闭，把自己锁在黑暗里。有的人是旋转的玻璃门，不管成功还是失败，快乐还是痛苦，总是让自己的心灵之门旋转起来；把失败和痛苦旋转出去，让希望和未来旋转进来；在旋转中寻找机会，把握未来，找到一个新的人生舞台！

正确取舍,把握命运

每个人都有着不同的发展道路,面临着人生无数次的抉择。当机会接踵而来时,只有那些树立远大人生目标的人,才能作出正确的取舍,把握自己的命运。

树立了远大目标,在面对人生的重大选择时就有了明确的衡量准绳。孟子曰:“舍生取义”,这是他的选择标准,也是他人生的追求目标。著名诗人李白曾有过“仰天大笑出门去,我辈岂是蓬蒿人”的名句,潇洒傲岸之中,透出自己建功立业的豪情壮志。凭借生花妙笔,他很快名扬天下,荣登翰林学士这一古代文人梦寐以求的事业巅峰。但是一段时间之后,他发现自己不过是替皇上点缀升平的御用文人。这时的李白就面临一个选择,是继续安享荣华富贵,还是走向江湖穷困潦倒呢。以自己的追求目标作衡量标准,李白毅然选择了“安能摧眉折腰事权贵,使我不得开心颜”,于是弃官而去。

共和国的开国元勋周恩来总理,从小就树立了“为中华之崛起而读书”的远大目标。之后的岁月中,他本可以无数次选择安逸舒适的生活,享受高官厚禄。但是,有了为祖国献身的远大目标,周恩来毅然放弃了这些所谓的机会,选择了血与火、粗茶和淡饭,九死一生,铸就了共和国的崛起和辉煌。

一些看似无谓的选择其实是奠定我们一生重大抉择的基础。古人云:“不积跬步,无以至千里;不积小流,无以成江海。”无论多么远大的理想、伟大的事业,都必须从小处做起,从平凡处做起,所以对于看似琐碎的选择,也要慎重对待,考虑选择的结果是否有益于自己的远大目标。

很多人觉得学习之余暂时放松一下不会影响什么。确实,劳逸结合对学习来说是十分必要的。但是,学习任务没有完成而去玩游戏,明天就要考试今天却去郊游而不复习,这样的选择多了,就会陷入享乐的诱惑不能自拔,进取心就会逐步丧失。最近新闻经常报道,一些中小学生痴迷上网,从旷课发展至逃学,甚至夜不归宿,有的还陷入犯罪的深渊。他们当初面临选择学习还是上网时,也认为自己只是暂时放松一下,但几次之后,便失去了自己树立的远大目标,身陷迷途。就高考而言,大学系统教育是我们实现自己人生目标的必要辅助手段，用游戏时间或郊游等休闲时间投入学习，是为了实现上大学的近期目标，放弃自己的一些爱好是值得的，暂时的代价也就有了付出的充分理由。

看到这样一则故事：一只老鹰被人锁着。它见到一只小鸟唱着歌儿从它身旁掠过，想到自己却……于是它用尽全身的力量，挣脱了锁链，可它也挣折了自己的翅膀。它用折断的翅膀飞翔着，没飞几步，它那血淋淋的身躯就栽落在地上。

老鹰向往小鸟的自由，挣脱了锁链，却牺牲了自己的翅膀。自由的代价原来是牺牲自己的翅膀，也牺牲了自由。

自由和锁链本来就是孪生兄弟。在革命的年代，“若为自由故，两者皆可抛”的气概无时不在自己脑海的深处。“不自由，毋宁死”。自由是人生最佳境界，提起自由，无不为之悠然神往。然而在现实生活当中，自由似乎被锁链锁着。“鹰击长空，鱼翔浅底”这都是真的吗？我问自己。就让自己活在梦境当中，当它是真的吧，可长空的老鹰挣脱有形的锁链之后，却不知自己又被内心的欲望这条无形的锁链锁着。当它饥了、渴了，回到的还是那张高张的罗网之旁。

有句俗话：“成人不自在，自在不成人。”一个人一生一世，熙熙攘攘，挑肥拣瘦，朝三暮四，为了什么，还不是为自己选择一条什么样的锁链吗？古人云：“福兮祸之所伏，祸兮福之所倚。”当你福运并臻，名利双收之际，也就招致了双重的捆绑，戴上了双重的锁链。这就是自由的代价。所以一个人应该学会放弃自由。

古时有位高人在给慕名前来学习的人讲道理时，先拿了一满杯黑颜色的水，然后再往这杯子里倒清水。杯里的水不断外溢，而杯中水仍有黑颜色混在其中。这时，那高人对求学者说：“要想得到一杯清水，必先倒掉脏水，洗净杯子，学习也是如此。”

有追求必有所放弃，学习也是如此。要在学业上取得更大的进步，就需要不断抛弃陈旧的观念，更新知识，不断调整改变思维方式。法国生理学家贝尔纳说：“构成我们学习上最大障碍的是已知的东西，而不是未知的东西。”爱因斯坦也说过：“我不久学会了识别那些导致深邃知识的东西，而把其他许多只是充塞耳目、会转移主要目标的东西撇下不管。”

放弃，对每一个人来说，都有一个痛苦的过程，因为放弃意味着永远不再拥有，但是，不会放弃，想拥有一切，最终你将一无所有。这是生命的无奈之处。

如果你不放弃眼前的热烈，就无法享受花前月下的温馨……生活给予我们每个人都是一座丰富的宝库,但你必须学会放弃,选择适合你自己应该拥有的,否则,生命将难以承受!

一个决定可以改变一个人的命运。这个决定是对是错,恐怕要用一生作赌注。其实,有未必真得,无未必真失;有无随缘,得失在心,人生的遭遇不可用“得失”二字定论。爱过又痛过,才算了解爱。虽然这爱性味苦涩、无花无果,只在心里生长,只任岁月将它磨蚀……好在有时间这帖药,它根治不了你的伤,或许能慢慢止住你的痛。

选择与放弃决定着你的命运

不懂得选择与放弃只有死路一条。

祖父用纸给我做过一条长龙。长龙腹腔的空隙仅仅只能容纳几只半大不小的蝗虫慢慢地爬行过去。但祖父捉过几只蝗虫,投放进去,它们都在里面死去了!

祖父说:“蝗虫性子太躁,除了挣扎,它们没想过用嘴巴去咬破长龙,也不知道一直向前可以从另一端爬出来。因此,尽管它有铁钳般的嘴壳和锯齿一般的大腿,也无济于事。”

当祖父把几只同样大小的青虫从龙头放进去,然后关上龙头,奇迹出现了:仅仅几分钟时间,小青虫们就一一地从龙尾默默地爬了出来。

蝗虫的死是因为它不懂得去选择，只知道不停地挣扎，也不懂得放弃,所以只有死路一条;青虫却恰恰相反,它懂得放弃,知道如何去选择,所以活了下来。

命运一直藏匿在我们的思想里。许多人走不出人生各个不同阶段或大或小的阴影,并非因为他们天生的个人条件比别人要差多远,而是因为他们没有想过要将阴影纸龙咬破,也没有耐心慢慢地找准一个方向,一步步地向前,直到眼前出现新的洞天。

适合自己的才是最好的

成功是多元的，并没有贵贱之分，适合自己的、自己擅长的就是最好的，也便是成功的。

奥托·瓦拉赫是诺贝尔化学奖获得者，他的成才历程极富传奇色彩。瓦拉赫在开始读中学时，父母为他选择的是一条文学之路，不料一个学期下来，老师为他写下了这样的评语：“瓦拉赫很用功，但过分拘泥，这样的人即使有着完美的品德，也绝不可能在文学上发挥出来。”此时，父母只好尊重儿子的意见，让他改学油画。可瓦拉赫既不善于构图，又不会润色，对艺术的理解力也不强，成绩在班上是倒数第一，学校的评语更是令人难以接受：“你是绘画艺术方面的不可造就之才。”面对如此“笨拙”的学生，绝大部分老师认为他已成才无望，只有化学老师认为他做事一丝不苟，具备做好化学实验应有的品格，建议他试学化学。父母接受了化学老师的建议。这不，瓦拉赫智慧的火花一下被点着了。文学艺术的“不可造就之才”一下子变成了公认的化学方面的“前程远大的高材生”。在同类学生中，他遥遥领先……

瓦拉赫的成功，说明这样一个道理：人的智能发展是不均衡的，都有智能的强点和弱点。人一旦找到自己智能的最佳点，使智能潜力得到充分的发挥，便可取得惊人的成绩。这一现象人们常称之为“瓦拉赫效应”。幸运之神就是那样垂青于忠于自己个性长处的人。松下幸之助曾说，人生成功的诀窍在于经营自己的个性长处，经营长处能使自己的人生增值，否则，必将使自己的人生贬值。他还说，一个卖牛奶卖得非常火爆的人就是成功，你没有资格看不起他，除非你能证明你卖得比他更好。

据说，有一次，爱因斯坦上物理实验课时，不慎弄伤了右手。教授看到后叹口气说：“唉，你为什么非要学物理呢？为什么不去学医学、法律或语言呢？”爱因斯坦回答说：“我觉得自己对物理学有一种特别的爱好和才能。”这句话在当时听似乎有点自负，但却真实地说明了爱因斯坦对自己有充分的认识和把握。

是的，一棵草吃一粒露珠。成功学专家A·罗宾曾经在《唤醒心中的巨人》一书中非常诚恳地说过：“每个人身上都蕴藏着一份特殊的才能。那份才能犹如一位熟睡的巨人，等待着我们去唤醒他……上天不会亏待任何一个人，他给我们每个人以无穷的机会去充分发挥所长……我们每个人身上都藏着可以立即支取的能力，借这个能力我们完全可以改变自己的人生，只要下决心改变，那么，长久以来的美梦便可以实现。”

钓鱼

几个人在岸边岩石上垂钓，一旁有几名游客在欣赏海景之余，亦围观他们钓上岸的鱼，口中啧啧称奇。

只见一名钓者竿子一扬，钓上了一条约有三尺来长的大鱼。鱼落在岸上后，身体犹腾跳不已。钓者冷静地用脚踏着大鱼，解下鱼嘴内的钓钩，顺手将鱼丢回海中。

周围围观的人响起一阵惊呼。这么大的鱼还不能令他满意，足见钓者的雄心之大。就在众人屏息以待之际，钓者鱼竿又是一扬。这次钓上的是一条两尺长的鱼，钓者仍是不多看一眼，解下鱼钩，便将这条鱼放回海里。第三次，钓者的鱼竿再一次扬起，只见钓线末端钩着一条不到一尺长的小鱼。

围观众人一心以为这条鱼也将和前两条大鱼一样，被放回大海。却不料钓者将鱼解下后，小心地放进自己的鱼篓中。

游客中有一人百思不解，遂问钓者为何舍大鱼而留小鱼。钓者经此一问，回答：“喔，那是因为我家里最大的盘子，只不过有一尺长，太大的鱼钓回去，盘子也装不下。”

舍三尺长的大鱼而宁可取不到一尺的小鱼，这是令人难以理解的取舍标准。钓者的理由，竟是因为家中的盘子太小，盛不下大鱼。切合自我实际的选择与量力而行的放弃都是人生中的智慧，也是成功的必要条件。

永不埋没的特质

每个人都有许多没有发现的品质。能够像哥伦布那样探索自己灵魂的人，才会有所收获。

有个顽童无意间在悬崖边的鹰巢里发现一颗老鹰的蛋。他一时兴起，将这颗蛋带回父亲的农庄，放在母鸡的窝里，看看能不能孵出小鹰来。

果然如顽童的期望，那颗蛋孵出了一只小鹰。小鹰跟着同窝的小鸡一起长大，每天在农庄里追逐主人喂饲的谷粒，一直以为自己是只小鸡。

某一天，母鸡焦急地咯咯大叫，召唤小鸡们赶紧躲回鸡舍内，慌乱之际，只见一只雄壮的老鹰俯冲而下，小鹰也和小鸡一样，四处逃窜。

经过这次事件后，小鹰每次看见远处天空盘旋的老鹰身影，总是不禁喃喃自语：“我若能像老鹰那样，自由地翱翔在天上，不知该有多好。”

而一旁的小鸡总会提醒它：“别傻了，你只不过是只鸡，是不可能高飞的，别做那种白日梦……”

小鹰想想也对，自己不过是只小鸡，也就回过头去和其他小鸡追逐主人撒下的谷粒。

直到有一天，一位驯兽师和朋友路过农庄，看见这只小鹰，便兴致勃勃地要教小鹰飞翔。而他的朋友则认为小鹰的翅膀已经退化无力，劝驯兽师打消这个念头。

驯兽师却不这么想。他将小鹰带到农舍的屋顶上，认为由高处将小鹰掷下，它自然会展翅高飞。不料小鹰只轻拍了几下翅膀，便落到鸡群当中，和小鸡们四处找寻食物。

驯兽师仍不死心，再次带着小老鹰爬上农庄内最高的树上，掷出小鹰。

小鹰害怕之余，本能地展开翅膀，飞了一段距离，看见地上的小鸡们正忙着追寻谷粒，便立时飞了下来，加入鸡群中争食，再也不肯飞了。

在朋友的嘲笑声中，驯兽师这次将小老鹰带上高处的悬崖。小鹰用锐利的眼光看去，大树、农庄、溪流都在脚下，而且变得十分渺小。待驯兽师的手一放开，小老鹰展开宽阔的巨翼，终于实现了它的梦想，自由地翱翔于天际。

我们每个人都曾经如同小鹰一般，曾拥有过翱翔天际、悠游自在的美妙梦想。有趣的是，这些伟大的梦想，往往在周围亲友的一句句“别傻了”、“不可能”中，逐渐萎缩，甚至破灭。就算侥幸遇上一位懂得欣赏我们的驯兽师，硬将我们带到更高的领域，往往我们也会像小鹰回头望见地上争食的鸡群一般，再次飞回地上，加入往日那个不敢梦想的群体里。

除非你能像小鹰由悬崖上凭空远眺一样，看清楚自己日夜忙于争食的那个农庄，原来是如此得渺小。从此，你有了新的眼光、新的境界，再也不愿回到地上去追逐属于小鸡的谷粒了。

莫让我们的伟大梦想因为同辈的几句冷言冷语而熄灭。如果你真是老鹰,就不需要再困顿于地上,安于现状,那样只会使您丧失获得更成功的能力。

展开你梦想的翅膀,立定目标,来追求人生成功的新领域。在扬起双翼的同时,不用回头看地上争食的旧日同伴,不用想自己可能或不可能。只要你的眼光看得够远,就能够真正飞起来。

特别要提醒自己的是,切莫因为几次试飞不成的挫折,让自己甘心地落回地面的鸡群中。只要你不断想飞,不断尝试,定能自在地翱翔。

别人拿不走的潜能

生在瞎子的国度中,一只眼的人便可做国王。

在遥远的国度里,住着一窝奇特的蚂蚁。它们有预知风雨的能力。最近蚂蚁们预知道,有一场巨大的暴风雨正逐渐逼近。整窝蚂蚁全部动员,往高处搬家。

这窝蚂蚁之所以奇特,不仅在于它们预知气候的能力,更在于它们都只有五只脚,并不像一般蚂蚁长有六只脚。

由于它们只有五只脚,行动也就没有一般蚂蚁快捷,整个搬家的行列缓慢。虽然面对暴风雨来袭的沉重压力,每只蚂蚁心中都焦急不堪,但行动却半点也快不了。

在漫长的搬家队伍中,有一只蚂蚁与众不同,它的行动快速,不停地往返高地与蚁窝之间,来回一趟又一趟,不知劳累,辛苦地尽力抢搬蚁窝中的东西。

这只勤快的蚂蚁引起了五脚蚂蚁群的注意。它们仔细观察它的动作,终于找出这只蚂蚁动作如此敏捷的原因:它有六只脚。

五脚蚂蚁的搬家队伍整个暂停下来。它们聚在一起,窃窃私语,讨论这只与它们长得不同、行动却快过它们数倍的六脚蚂蚁。

经过冗长的讨论后,五脚蚂蚁们终于达成共识。它们扑上前去,抓住那只六脚蚂蚁,一阵撕咬过后,将六脚蚂蚁那多出来的一只脚扯了下来。

那只行动迅速的蚂蚁被扯去一只脚,也变成了平凡的五脚蚂蚁,在搬家的行列中，迟缓地跟随大家移动。

五脚蚂蚁们很高兴它们能除去一个异类，增加一个同伴，这时暴风雨的雷声，已在不远处隆隆地响起。

你有没有想过，故事中那个遥远的国度，可能就在你的身边！

常常在我们接触到一个新的机会、有了一个好的创意，或是工作得特别进步时，五脚蚂蚁群便会适时出现。他们会告诉你，你得到的机会是陷阱、你的好创意是行不通的，或是提醒你，工作勤奋不一定会有好的报偿。无所不用其极的目的，就是想扯去你突然间多出来的一只脚。

尤其是当你正确地运用出你的潜能时，周围类似五脚蚂蚁般的消极意识更会增加。各式各样不可能的思想蜂拥而至，企图要你放弃他们所不懂的潜能，让你恢复成为一个平庸的人。

所幸我们不是六脚蚂蚁，我们是有独立思想的人，也有足够的能力来保护自己多出来的那只脚。因此你可以坚持自己看到的机会，发展自己独特的创意，更勤奋地工作，加倍发挥自己的潜能。或许可以借着你的坚持与努力，在不久的将来，也能将自己多出来的这一只脚，移植在更多人的身上，帮助他们取得成功。

需要提醒你的是，在你发挥自己潜能的同时，更需要有判断的智慧，了解周围对你的反应，是消极的批判还是正面积极的忠告。如果不能具备这样的判断能力，而误将挚友积极的忠告，当成五脚蚂蚁消极的撕咬；如此刚愎自用的后果，恐怕自己也将变成地道的五脚蚂蚁。

不论你多出来的是机会、是创意、是潜能、还是梦想，愿你都能竭力保护它，莫让它被尚未能拥有它的五脚蚂蚁给咬掉。

改变及努力的价值

动物园里新来了一只袋鼠，管理员将它关在一片有着一米高的围栏的草地上。

第二天一早，管理员发现袋鼠在围栏外的树丛里蹦蹦跳跳，立刻将围栏的高度加到两米，把袋鼠关了进去。

第三天早上，管理员还是看到袋鼠在栏外，于是又将围栏的高度加到三米，把袋鼠关了进去。

隔壁兽栏的长颈鹿问袋鼠:“依你看,这围栏到底要加到多高,才能关得住你?”袋鼠回答道:“很难说,也许五米高,也许十米,甚至可能加到一百米高,如果那个管理员老是忘了把围栏的门锁上的话。”

在过往的岁月中,相信你一定非常努力地追求过,很多东西比如追求财富、名望、爱情、尊严等。

你得到了吗?得到之后,幸福与快乐是否也随之而来?而你是否真的快乐?

问题可能发生于我们的出发点是否正确。大多数人都认为:“先让我得到,然后再为快乐操心。”而当他们耗尽心血,使尽手段,终于爬到成功顶峰时,环顾周围,却蓦然发现,自己的家人、朋友、同事竟已被踏在底下,而自己是如此的孤独与不快乐。

或许这时你不禁要问:“我哪里做错了,怎会如此?”而一些从未成功过的朋友,也一直都喜欢问同样的问题。

故事中袋鼠的回答应是最好的答案:如果不将围栏门锁好,围栏加得再高也是枉然。每一个人现在所处的境况,正是以往自己所抱的态度造成的。所以,如想改变未来的生活,使之更加顺利,必得先改变此时的态度。坚持错误的观念,固执不愿改变,恐怕再多的努力,也可能成为枉然。

如果你从未觉得自己成功,或成功后仍不快乐,不妨在此刻思考自己的态度,是否在起始点已有误差?给自己一个好的改变,从而有崭新而欢乐的生命历程。

挣脱心灵的枷锁

一个小孩在看完马戏团精彩的表演后, 随着父亲到帐篷外拿干草喂养表演完的动物。

小孩注意到一旁的大象群,问父亲:“爸,大象那么有力气,为什么它们的脚上只系着一条小小的铁链,难道它无法挣开那条铁链逃脱吗?”

父亲笑了笑,耐心为孩子解释说:“没错,大象是挣不开那条细细的铁链。在大象还小的时候,驯兽师就是用同样的铁链来系住小象。那时候的小象,力气还不够大,起初也想挣开铁链的束缚,可是试过几次之后知道自己的力气不足以挣开铁链, 也就放弃了挣脱的念头。等小象长成大象后，它就甘心受那条铁链的限制，而不再想逃脱了。”

正当父亲解说之际，马戏团里失火了。大火因为草料、帐篷等易燃物，燃烧得十分迅速，蔓延到了动物的休息区。

动物们受火势所逼，十分焦躁不安，而大象更是频频跺脚，仍是挣不开脚上的铁链。炙热的火势终于逼近大象，只见一只大象将被火烧着，灼痛之余，猛然一抬脚，竟轻易将脚上铁链挣断，迅速奔逃至安全的地带。

有一两只大象见同伴挣断铁链逃脱，立刻也模仿其动作，用力挣断铁链。但其他的大象却不肯去尝试，只顾不断地焦急转圈跺脚，而遭大火席卷，无一幸存。

在大象成长的过程中，人类聪明地利用一条铁链限制了它，虽然那样的铁链根本系不住有力的大象。在我们成长的环境中，是否也有许多肉眼看不见的链条在系住我们？而我们也就自然将这些铁条当成习惯，视为理所当然。于是，我们独特的创意被自己一笔抹煞，认为自己无法成功致富；告诉自己，难以成为配偶心目中理想的另一半；无法成为孩子心目中理想的父母、父母心目中理想的孩子。然后，开始向环境低头，甚至于开始认命、怨天尤人。

这一切都是我们心中那条系住自我的铁链在作祟罢了。或许，你必须耐心静候生命中来一场大火，逼得你非得选择挣断链条或甘心遭大火席卷。或许，你将幸运地选对了前者，在挣脱困境之后，语重心长地告诫后人：人必须经苦难磨炼方能得以成长。

除了这些人生习以为常的方式之外，你还有一种不同的选择。你可以当机立断，运用我们内在的能力，当下立即挣开消极习惯的捆绑，改变自己所处的环境，投入另一个崭新的积极领域中，使自己的潜能得以发挥。

你愿意静待生命中的大火？甚至甘心遭它所席卷，而低头认命？抑或立即在心境上挣开环境的束缚，获得追求成功的自由？

这项慎重的选择，当然得由你自己决定。

永不飘移的目标

人类所犯的最危险错误之一，就是忘记自己努力想达成什么。

有位哲学博士某次漫步于田野中沉思，发现水田当中新插的秧苗，竟是排列得如此整齐，犹如用尺丈量过一般。

他不禁好奇地问田中工作的老农是如何办到的。

老农忙着插秧，头也不抬地回答，要他自己取一把秧苗插插看。

博士卷起裤管，很快地插完一排秧苗，结果竟是参差不齐，不忍卒睹。

他再次请教老农，如何能插一排笔直的秧苗。老农告诉他，在弯腰插秧的同时，眼光要盯住一样东西，朝着那个目标前进，即可插出一列笔直的秧苗。

博士依言而行，不料这次插好的秧苗，竟成了一道弯曲的弧形，划过半边的水田。

他又虚心地请教老农，老农不耐烦地问他："您的眼光是否盯住一样东西？"

博士答道："有时，我盯住那边吃草的那头水牛，那可是一个大目标啊！"

老农："水牛边走边吃草，而你插的秧苗也跟着移动，你想，这道弧形是怎么来的？"

博士恍然大悟。这次，他选定远处的一棵大树。

成功的果实如同田里的种苗。你愿意拥有一片纵横排列整齐的漂亮成果，还是参差不齐、扭曲歪斜的结果？

没有大到不能完成的梦想，也没有小到不值得设立的目标。在开始你伟大事业的起点，懂得确立每一个里程的目标，绝对是极其重要的。没有目标的人生，或目标不断飘移的人生，所得到的成果正如博士所插的秧苗一般。

明确的目标是梦想实现的阶梯，将你亟须达成的目标列出来、写下来，让它随时出现在你的眼前，出现在你每天看得到的任何事情上。口中念着它，心里想着它，每天至少重复 2 次以上。

只有朝着确切的目标行动，才有成功的希望。让你的目标进入潜意识中，然后不断地行动，看看在你身上会发生什么样的好结果。

成功的绊脚石

少年时，我们把一切烦恼归咎于父母；成熟后，则认为一切都是年青一代的过错。

一位电脑工程师欣喜若狂地告诉他的同事，说他已经成功地发明了像人脑一般的超级电脑。

他的同事狐疑地望着他,问道:“你是说,你发明的电脑能够像人类一样的独立思考；有感情中枢，可以谈恋爱；甚至于会开车到超级市场购物。”

电脑工程师腼腆地笑了笑:“也没有你所说的那么神奇啦！”

他的同事追问:“那么,你的电脑能做些什么？”

工程师兴奋地道:“它能够像人类一样,每次当它自己出错时,保证能在第一时间内,将过错归给另一部电脑。”

有了过错,立即推给别人,是我们最常犯的毛病。

戴尔·卡耐基也同意,敢于认错的人是世界上最勇敢的人。您愿意练习成为世界上最勇敢的人吗?

真正伟大的人,并不在于我们从来不犯错;而在于犯错之后,能够快速而清楚地立即承认。

承认错误绝非可耻或软弱的行为；犯错之后逃避责任，甚至嫁祸他人,才是卑劣的表现。更多的人喜欢有这样的借口:“我之所以未能成功,是因为上司如何如何,部属如何如何……”这样的人的确难以成功,除非他先能弄懂自己是如何如何。

认错并无法保证我们一定成功,但检讨却可以,只是要记住,检讨自己所犯的过错,而不是检讨别人的。经过检讨错误,将获得修正的方法与实际的经验,而这些方法与经验正是通往成功终点沿路的护栏,凭着这些护栏,你就可以安全且不偏不倚地到达目的地。

由此,让我们明白了勇敢认错且不去指责别人的道理。

成功是选择的结果

理想主义者相信眼前利益不足道;讽世者认为长远利益不实际;实在论者相信眼前已做或未做的事能决定长远利益。

美国钢铁大王安德鲁·卡耐基在未发迹前,曾担任过铁路公司的电报员。

有次，在假日期间，轮到卡耐基值班，电报机滴滴嗒嗒传来的一通紧急电报，内容令卡耐基几乎从椅子上跳了起来。

紧急电报通知在附近铁路上，有一列货车车头出轨，要求上司照会各班列车改换轨道，以免发生追撞的意外惨剧。

当天是假日，卡耐基找不到可以下达命令的上司，眼看时间一分一秒地过去，而一班载满乘客的列车正急速驶向货车头的出事地点。

卡耐基不得已，只好敲下发报键，冒充上司下达命令给班车的司机，调度他们立即改换轨道，避开了一场可能造成多人伤亡的意外事件。

按当时铁路公司的规定，电报员擅自冒用上级名义发报的处分是立即革职。卡耐基十分清楚这项规定，于是在隔日上班时，写好辞呈放在上司的桌上。

上司将卡耐基叫到办公室内，当着卡耐基的面将辞呈撕毁，拍拍卡耐基的肩头："你做得很好，我要你留下来继续工作。记住，这世上有两种人永远在原地踏步：一种是不肯听命行事的人；另一种则是只听命行事的人。幸好你不是这两种中的一种。"

清楚地了解什么是自己该做的，什么又是不该做的。这是所有成功者都需具备的条件。

成功者之所以能够成功，取决于他愿意去做一些失败者所不愿意做的事。反之亦同，失败者之所以导致失败，在于他一直在做成功者所不愿意做的事。

要能够清楚什么是该做或什么是不该做的事，首要条件就是拥有明确的目标，再则需要清晰的定位，再加上智慧。这样，就可以有正确的判断力，看清自己该做的事情。

一味反抗，不听命行事，以及固执畏缩、只听命行事的人，的确难以成功。真正的成功者，是能运用心中的天平，来取得两者间平衡的人。

当您获得清楚的定位，看清自己该做的任务后，没有别的选择，您必须立即行动。如果自己意识中有任何想拖延的消极思考产生，不妨想想卡耐基若在那一刻有所迟疑，将造成多少人的伤亡？而您的迟疑呢？

是的，您必须立即行动，您很清楚地知道，您的成功，将带给多少人无比的幸福与快乐。